TASTE IN PROGRESS

HIDEMI SUGINO

杉野英實

進化的甜點

瑞昇文化

Hidemi, mon ami...

Au-delà des frontières, notre amitié s'est nourrie de notre passion, la pâtisseric et d'une conception commune de notre travail, avec la même exigence, la même remise en question permanente et le même désir de perfection.

En toi je reconnais ce talent à conjuguer dans ton art deux cultures, deux histoires de la pâtisserie, et de cet héritage, en faire ta propre création dont je suis un fan, sans cesse admiratif.

A la rigueur du moine que tu montres dans ton travail de haute qualité, tu ajoutes l'enchantement du magicien que je ressens à chaque fois que je déguste tes gâteaux.

Tu t'inscris dans la lignée des grands pâtissiers qui t'ont formés, Lucien PELTIER, Jean MILLET, Pierre MAUDUIT...dont tu perpétues le talent avec ton interprétation tout en sensibilité, ce qui fait de toi une source d'inspiration pour les futures générations.

Lecteur, qui avez entre les mains ce bel ouvrage, vous pourrez peut-être ainsi toucher du doigt le talent hors normes, irrésistible et rare de ce passionné de gâteaux.

Jean-Paul HEVIN

給我的好友HIDEMI

跨國界的友情，激發出我們對甜點的熱情，孕育出我們對甜點絕不允許絲毫妥協、持續追求完美的工作態度。我非常了解HIDEMI你的才能。二個國家的文化、二個國家的甜點歷史，以及從大師手中傳承下來的技能，在你那宛如藝術家的雙手下完美結合，甚至進一步昇華成絕無僅有的獨創，這便是你的才能。著實令我敬佩不已。

那麼出色的作品，靠的可不光只有修道者般的嚴謹態度。關鍵在於HIDEMI宛如魔術師般的神奇魔法。每次品嚐你製作的甜點，我總是有那樣的感覺。

在修業時期，你在佩提耶（PELTIER）、內琴米羅（Jean MILLET）、莫杜依（Pierre MAUDUIT）……幾位大師旗下，承襲了他們的技術精髓。然後，再透過你個人的細膩表現，重新賦予甜點全新的生命，對次世代的甜點主廚來說，可說是煥然一新的靈感來源。

相信購買這本精湛作品的讀者們，肯定能夠感受到HIDEMI的獨特熱情，以及無法抗拒的魅力天賦。

Jean-Paul HEVIN

持續追求美味

我在1973年進入這個世界。當時，身在日本國內的我，不管是料理或是甜點，所採用的全都是比較古老的技巧。然後，我在1979年前往歐洲，陷入時代瞬變的洪流之中。受到新潮烹調（Nouvelle cuisine）的影響，所謂風格甜點（Nouveau Patisserie）的甜點世界開始受到矚目，我也因而接觸到隨著時代逐漸改變的全新甜點。

從那之後經過了30幾年，在至今仍然新穎的潮流當中，不管是料理還是甜點，依然持續不斷地改變著。不過，我則是認真的看待每一種素材，思考著如何充分運用素材本身的美味，同時致力於技巧的靈活運用。

追求美味的道路沒有盡頭，那條道路會把自己的作品引導至更完美的終點。那些過程將會化成我個人的經驗，創造出全新或更加進化的作品。符合時代或許也非常重要，不過，我認為保持信念的創作，才是表現自我世界的捷徑。

今後我仍會堅持站在廚房裡，持續表現自己從那裡可看見的事物。

這本書是杉野英實的集大成。在反覆嘗試後才上架的「HIDEMI SUGINO」的甜點，都會在本書逐一介紹。希望這本書能夠讓各位有所心得，有助於各位表現出自己的世界。同時，也殷切的期望，各位能將所學習到的事物傳遞給下個世代。

2017年9月

「HIDEMI SUGINO」杉野英實

目錄
Contents

1 基本技術

5 果醬和巧克力

開始製作之前

「奶油」使用無鹽奶油。

・「麵粉」就算過篩，仍然容易結塊，所以麵粉要先單獨，或和其他粉末類材料一起過篩備用，然後在使用時進一步過篩使用。

・「乳霜」是指，在準備使用之前，在不添加砂糖的情況下，用機器打發而成的鮮奶油。若是沒有特別記載的情況，就以相同比例攪拌乳脂肪分別為35%和38%的鮮奶油。

・若沒有特別指定，「香緹鮮奶油」就在乳脂肪42%的鮮奶油裡面加入相對份量8%的微粒精白砂糖，用機器打發起泡製成。

・「香草」只使用去除豆莢後的香草籽（→P.24）。

・若沒有特別指定，「精白砂糖」使用粒徑0.4～0.5mm的種類。若是「微粒精白砂糖」的情況，則使用粒徑0.2～0.3mm的種類。

・食譜中所提到的「砂糖」，若沒有特別指定，所指的是精白砂糖或是微粒精白砂糖。

・若沒有特別指定，「糖粉」指的是全糖粉。「Raftisnow」則是指純白裝飾用的糖粉，添加了玉米粉和油，不容易融化的糖粉。

・「果泥」指無糖的覆盆子，其他果泥，若沒有特別指定，則使用含糖量10%的種類。

・本店採用的「果泥」是切成1cm丁塊備用，並為了避免變色或風味流失，在每次使用時，用IH調理器加熱解凍，直到融化為止（→P.43）。

・「片狀明膠」指用水泡軟後的明膠（可是，標示的份量則是泡水之前的份量）。用廚房紙巾充分擦乾水分後再使用。

・「色素」使用液體色素。

・「烤杏仁」若是整顆的情況，就是用168℃烘烤約15分鐘；「杏仁碎粒（1/12切片）」、「杏仁碎粒（1/16切片）」則是烘烤10～12分鐘。

・「波美度30°的糖漿」是指，以1.3：1的比例，把精白砂糖和水混在一起加熱煮沸，待砂糖融化後，再隔著冰水降溫，最後放進冷藏保存的材料。

・有「加熱」或「開火」的情況時，若沒有特別指定，就使用IH調理器。可是，煎水果或使用銅鍋時，則使用爐火。

・「烤箱」使用熱對流烤箱。

Notes

How to make baume-30° syrup :
The raito of granulated sugar and water should be 1.3 to 1 in weight. For example, 130g granulated sugar and 100g water. Heat sugar and water until sugar dissolves, and let cool with ice cubes and water. Store in cold storage.

Purée :
Raspberry purée is unsweetened.
The other ones, without notes, contain 10% sugar.

編輯	豬俁幸子
攝影	日置武晴
造型	高橋みどり
美術指導	有山達也（アリヤマデザインストア）
設計	岩渕惠子（アリヤマデザインストア）
	中本ちはる（アリヤマデザインストア）
英譯&法文校對	千住麻里子

把理所當然的事視為常規

在我的店裡面，我們會基於衛生管理的觀點，用規定的溫度烘乾清洗好的模型、托盤或容器等器具。另外，鋼盆和器具也一樣，確實清洗、烘乾之後，會收納到原本的位置，不會直接擺放在外面。

在實施衛生管理的同時，也會確實管理物品的收納，所以不會有到處找不到東西的窘境。打蛋器、橡膠刮刀放抽屜；鋼盆收納在推拉門架裡面。另外，量秤的時候，逐一把材料名稱寫在便條紙上，因為感覺相當麻煩，所以我就預先把各種甜點的材料寫在紙上，然後把紙張加強護貝，製作成卡片大小後歸檔。每次材料量秤完成之後，就把塑膠膜覆蓋在上方，然後再把卡片放置在上面。

使用材料之前的篩選作業是每天必做的程序。杏桃等乾果，用剪刀去除堅硬的部分，或是依照硬度進行篩選。另外，堅果或洋酒漬用的水果等材料，也會進一步把賣相不好或是變形的不良品挑選剔除。賣相不好、偏硬的材料不會捨棄不用，而是在加以挑選之後，用來作為其他適用甜點的材料。

果泥也一樣，為了可以均勻融化，會預先切成1cm丁塊，這是我店裡的規則，同時也是基於製作美味甜點的作業性考量。

把理所當然的事情視為常規，是製作甜點的基礎。

基本技術

基本的麵糊

杏仁海綿蛋糕
Almond sponge cake

份量　60×40cm烤盤1個

杏仁粉 —— 100g
糖粉 —— 100g
蛋黃 —— 85g
蛋白 —— 60g

蛋白霜
┌ 蛋白 —— 200g
└ 微粒精白砂糖 —— 120g

低筋麵粉 —— 85g

Makes 60×40-cm baking sheet pan

100g almond flour
100g confectioners' sugar
85g egg yolks
60g egg whites

Meringue
┌ 200g egg whites
└ 120g caster sugar

85g all-purpose flour

準備
麵糊的烘烤有2種情況，在烤盤
鋪上樹脂製烤盤墊或烘焙紙。
若是烤盤使用烘焙紙的情況，就
要先在烤盤的周圍抹上奶油（切
成棒狀，用塑膠膜把握持處捲起
來），然後再鋪上烘焙紙。≡1

1
把杏仁粉、糖粉、蛋黃
和蛋白放進攪拌盆，剛
開始先用低速攪拌，攪
拌均勻後，馬上改用中
高速進行攪拌。

2
持續攪拌，直到質地產
生光澤，撈起後呈緞帶
狀流下，痕跡緩慢消失
的狀態。把材料轉移到
鋼盆。

3
和步驟1同步進行，用
另一個攪拌盆製作蛋白
霜。把蛋白和少量的砂
糖放進攪拌盆，用中速
進行攪拌。

4
整體被白色泡沫覆蓋，
呈現鬆軟狀態後，加入
剩餘砂糖的一半份量，
產生光澤之後，再把剩
餘的砂糖加入，持續打
發，直到撈起時，勾角
呈現緩慢傾斜的程度。

5
撈一坨步驟4的蛋白霜
到步驟2，用橡膠刮刀
稍加翻拌4～5次。

6
低筋麵粉過篩放入步驟
5，一邊以切割的方式
切拌。

7
剩下的蛋白霜用打蛋器
畫圓攪拌，質地拌勻
後，撈一坨到步驟6裡
面，粗略翻拌，盡可能
避免壓破氣泡。≡2

8
倒入剩餘的蛋白霜，以
相同的方式翻拌。只要
拌勻即可。倒進舖有樹
脂製烤盤墊（或貼有烘
焙紙）的烤盤。

9
用折角抹刀把麵糊推往
烤盤角落之後，抹平整
體。為避免壓破氣泡，
抹平的次數要盡量減
少。

10
把手指插進烤盤的邊
緣，繞行一圈，出爐後
就會比較容易脫模。用
206℃的烤箱烘烤4分
鐘，把烤盤的前後方向
對調，再進一步烘烤
3～4分鐘。

≡1 製作薄麵糊時，如果採用烘
焙紙，紙張會糾結在一起，使用
樹脂製烤盤墊會比較好。若直接
放進方形模的情況，則是烘焙紙
的作業性較佳。貼上烘焙紙時，
如果只把奶油（油脂）塗抹在烤盤
中央，麵糊鋪平烘烤時，該部位
的溫度就會特別高，使烤色變得
更深，所以要塗抹在周圍。出爐
後，就直接維持烘焙紙黏著的狀
態，等到準備使用蛋糕體的時候
再去除，蛋糕體就不會破裂。
≡2 蛋白霜經過一段時間後，質
地往往會變粗。把蛋白霜倒進麵
糊裡面的時候，要在每次倒入時
畫圓攪拌，拌勻質地後再使用。

果醬海綿蛋糕
Almond sponge cake with jam

份量　參考各甜點的製作頁面

杏仁海綿蛋糕（材料請參考P.12）
果醬

See each amount on individual recipes

almond sponge cake, see page 12
jam

1
把杏仁海綿蛋糕平鋪在烤盤內，手指插進烤盤邊緣，繞行一圈（→P.12，步驟1～10）。

2
用口徑4～5mm的花嘴，傾斜擠出果醬。利用與杏仁海綿蛋糕相同的方式進行烘烤（→P.12，步驟10）。照片是在一塊烤盤上的半塊麵糊上面擠出果醬後，所烘烤出爐的成品。

香草海綿蛋糕
Almond sponge cake with herb

份量　參考各甜點的製作頁面

杏仁海綿蛋糕（材料請參考P.12）
香草醬
　香草（照片中的是羅勒）
　檸檬汁
　特級初榨橄欖油
　＊以下簡稱「EXV橄欖油」。

See each amount on individual recipes

almond sponge cake, see page 12
Herb sauce
　herb (basil leaves)
　fresh lemon juice
　extra-virgin olive oil

1
製作香草醬。依序在香草裡面加入檸檬汁、EXV橄欖油，拌勻後，在室溫下放置5～10分鐘。

2
用攪拌機把步驟1絞碎，倒進鋼盆。
＊香草如果打成糊狀，就不會殘留在舌頭上，不容易感受到香氣，所以要稍微保留一點碎末的感覺。

3
參考杏仁海綿蛋糕（→P.12），製作出麵糊後，以相同方式烘烤。可是，最後倒入步驟2製作的香草醬時，要輕柔地攪拌。

果泥海綿蛋糕
Almond sponge cake with purée

份量　參考各甜點的製作頁面

杏仁海綿蛋糕
＊基本材料請參考P.12。可是，低筋麵粉若以一塊60×40cm的烤盤來說，份量要增加10g，採用95g。
果泥
色素──適量

See each amount on individual recipes

almond sponge cake, see page 12
*add all-purpose flour 10g plus
the original recipe, amounts to 95g
for 1 60×40-cm baking sheet pan
fruit purée
food coloring

1
參考杏仁海綿蛋糕步驟1～8（→P.12），製作麵糊。不過，在步驟5倒進蛋白霜之前，要先加入果泥和色素。≡1

2
以同樣的方式鋪平，烘烤（相同步驟9～10）。

≡1　因為加入的果泥量會使水分增多，使加熱狀態變差，所以低筋麵粉的份量要比杏仁海綿蛋糕的基本份量稍微多一些。

巧克力海綿蛋糕
Chocolate sponge cake

份量　60×40cm烤盤各1個

A（底部用，略厚）
杏仁粉 —— 125g
糖粉 —— 60g
蛋黃 —— 125g
蛋白 —— 55g

蛋白霜
[蛋白 —— 240g
[微粒精白砂糖 —— 145g

低筋麵粉 —— 105g
可可粉 —— 40g
融化奶油 —— 50g

B（主要作為底用和側面用）
杏仁粉 —— 110g
糖粉 —— 70g
蛋黃 —— 110g
蛋白 —— 45g

蛋白霜
[蛋白 —— 185g
[微粒精白砂糖 —— 110g

低筋麵粉 —— 90g
可可粉 —— 35g
融化奶油 —— 40g

Makes 60×40-cm baking sheet pan

A (for the bottom)
125g almond flour
60g confectioners' sugar
125g egg yolks
55g egg whites

Meringue
[240g egg whites
[145g caster sugar

105g all-purpose flour
40g cocoa powder
50g melted unsalted butter

B (for the bottom and sides)
110g almond flour
70g confectioners' sugar
110g egg yolks
45g egg whites

Meringue
[185g egg whites
[110g caster sugar

90g all-purpose flour
35g cocoa powder
40g melted unsalted butter

1
參考杏仁海綿蛋糕步驟1～2（→P.12），製作麵糊。把杏仁粉、糖粉、蛋黃、蛋白打發成緞帶狀。倒進鋼盆。

2
同樣，參考步驟3～5，把蛋白霜打發成勾角挺立的狀態，撈兩坨放進步驟1翻拌。
＊加入比杏仁海綿蛋糕更多的份量。

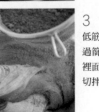

3
低筋麵粉和可可粉一起過篩，一邊倒進步驟2裡面，一邊用橡膠刮刀切拌。

4
顏色均勻，看不見粉末之後，加入融化奶油，同樣持續翻拌。

5
拌勻後，把剩下的蛋白霜加入攪拌，質地呈現均勻之後，倒進步驟3裡面。粗略翻拌，避免壓破氣泡。≡1

6
同樣，參考步驟8～9，完成麵糊的製作，攤放在烤盤裡面。

7
把手指插進烤盤的邊緣，繞行一圈（與步驟10相同），A用212℃烘烤4分鐘，把烤盤的前後位置對調，進一步烘烤4分鐘。B用208℃烘烤3.5分鐘，把烤盤的前後位置對調，進一步烘烤4分鐘。

≡1　巧克力海綿蛋糕用的蛋白霜，砂糖用量較少，質地往往特別粗。蛋白霜倒進麵糊之前，要先調整質地後再使用。

法式甜塔皮
Sweet tart dough

份量　成品約990g

奶油（恢復常溫）—— 270g
糖粉 —— 170g
全蛋 —— 90g
杏仁粉 —— 60g
低筋麵粉 —— 450g

Makes about 990g

270g unsalted butter, at room temperature
170g confectioners' sugar
90g whole eggs
60g almond flour
450g all-purpose flour

1
奶油放軟至手指可滑順插入的程度。

2
把步驟1的奶油和糖粉放進食物調理機，攪拌至不會形成結塊的程度。攪拌均勻後，加入雞蛋。

3
進一步攪拌。為了讓攪拌更加均勻，如果麵團沾黏在側面，就先暫時停止調理機，把沾黏的麵團刮下，然後再進一步攪拌。

4
粗略攪拌完成後，倒入杏仁粉，繼續攪拌。

5
接著，倒入麵粉，進一步攪拌，直到看不見粉末為止。

6
放進塑膠袋裡面，為了使麵團更快冷卻，把麵團鋪平，放進冷藏醒麵。

> ### 先成形再冷凍保存
>
> 醒麵的麵團通常會依照甜點需求，在擀壓狀態下，或是入模（→P.18）之後，放進冷凍庫保存。只要預先成形，就不需要醒麵，可以直接取出需要的用量，或是裝填上配料，馬上放進烤箱烘烤。

酥皮
Puff pastry dough

份量　成品約1165g

白葡萄酒醋 —— 25g
冷水 —— 180～200g
⌈ 高筋麵粉 —— 250g
⌊ 低筋麵粉 —— 250g
鹽之花 —— 12g
融化奶油 —— 50g
＊放涼後使用。

折疊用奶油 —— 400g
＊預先分切成1cm左右的厚度。

手粉 —— 適量

Makes about 1165g

25g white wine vinegar
180 to 200g cold water
⌈ 500g all-purpose flour,
⌊ puls more for work surface
12g fleur de sel (french sea salt)
50g melted unsalted butter
*cool down but not cold

400g block unsalted butter
*cut into 1cm thick

1
預留一些冷水，其餘的
用量和白葡萄酒醋一起
倒進鋼盆裡混合。
＊醋可以增加鬆脆度，同
時減少麵團的緊縮。

2
把粉末類材料和鹽放進
食物調理機，倒入步驟
1和放涼的融化奶油攪
拌。如果覺得水分不太
夠，就把剩下的冷水倒
入。

3
整體呈現鬆散狀之後，
倒在大理石上面。
＊避免產生麩質的混拌方
法。

4
使用切麵刀，把整體修
整成正方形。≡¹
＊為避免產生麩質，不要
搓揉，單純的塑形就好。

5
撒上手粉，擀壓成25
×50cm左右的大小，
覆蓋上OPP膜，避免
麵團乾燥。

6
取出另一片OPP膜，
緊密無縫隙地排放上奶
油，再重疊覆蓋上
OPP膜，用擀麵棍敲
打擀壓成20×30cm的
大小。≡²

7
撕除步驟5的OPP膜，
把步驟6的一面OPP膜
拿掉，翻面，放在麵團
的左側，並與周圍保持
間隔。位置確定之後，
就把OPP膜全部去
除。

8
從沒有重疊奶油的那一
端開始，在3分之1的
位置，把麵團往內折，
封住兩端。

9
有重疊上奶油的那一端
也要往內折，並封住邊
緣。用擀麵棍按壓，使
麵團和奶油緊密貼合。

10
在縱長狀態下，用擀麵
棍擀壓成25×50cm左
右的大小。

11
作業中途，如果麵團裡
面有空氣，就用竹籤刺
洞，排出空氣。

12
從兩端折疊成三折，每
次折疊就用擀麵棍按
壓，使麵團和奶油緊密
貼合。

13

進行2次三折作業後，加上2次的記號。

14

用塑膠膜確實包裹，放進調理盤，放進冷藏醒麵3～4小時。

15

把步驟14取出，此時的麵團有點硬，稍微敲打一下，待麵團變軟，撒上手粉，放進壓片機，擀壓成23×60cm。利用與步驟12相同的方式，折疊成三折。

16

方向旋轉90度，重複步驟15的擀壓作業，進一步折疊成三折（三折作業共計4次）。同樣，放進冷藏醒麵。
＊清掃手粉。☰3

17

利用相同的要領，重複2次三折作業（三折作業共計6次）。麵團放進冷藏醒麵後，即可取出使用。

先成形再冷凍保存

醒麵的麵團通常會依照甜點需求，在擀壓狀態下（連同緊縮程度也計算在內的擀壓），或是入模（→P.18）之後，放進冷凍庫保存。
只要預先成形，就不需要醒麵，可以直接取出需要的用量，或是裝填上配料，馬上放進烤箱烘烤。

☰1　可以不讓基底麵團「水麵糊」本身醒麵，就可以進入下個步驟的方法。用食物調理機把材料攪碎，可減少麩質，而且塑形時也不需要揉捏。

☰2　讓包在水麵糊裡的奶油，呈現和麵團相同的硬度，是非常重要的事情。透過這種方法，就可以更順利地進行三折作業。

☰3　麵團不需要手粉，如果手粉不加以清除，就會影響味道和作業。撒過手粉之後，一定要用刷子清掃乾淨。

入模
Fonçage

法式塔圈
Tart ring

準備

法式甜塔皮、千層派皮等麵團使用了較多奶油，所以只要預先把黑鐵板放進冷藏冷卻，然後再把鐵板取出翻面，在上方鋪紙，就可以進行作業了。

入模之前

1. 確實掃除手粉。

多餘的手粉會影響味道。

另外，在手粉沾染的情況下，麵團容易從模型上滑落，使作業變得困難。

2. 讓麵團與模型緊密貼合

麵團和模型之間如果有空氣，就會使烘烤出的形狀變形。另外，也會導致麵團裡面的料糊溢出。採用有底模型時，要進一步扎小孔。

入模後冷凍保存

基於作業性，麵團入模後要冷凍保存。從冷凍庫取出必要份量後，可以在冷凍狀態下，或是填入料糊後，直接進行烘烤。

馬上入模的情況，要先讓麵團在冷藏裡醒麵後再使用。

1
把麵團擀壓成2mm左右的厚度。使用大於使用模型一圈的模型，把扎好小孔的麵團壓模成形。把脫膜完成的麵團放進法式塔圈裡面。

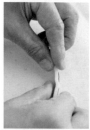

2
用左（慣用手）拇指和食指夾住麵團，把麵團推進模型裡，用右拇指的指腹，把麵團往模型側面壓推。

3
接著，一邊用右手把麵團往側面壓推，一邊轉動模型，用左拇指的前端按壓出底角。

4
麵團壓出底角，側面的麵團和模型緊密貼合後，確認沒有空氣進入。放進冷藏，使麵團緊縮。

5
把步驟4取出，一邊轉動模型，再次用左拇指的前端壓出底角，同時用右拇指的指腹輕壓側面，讓麵團緊密貼合。

6
翻面確認麵團的底角是否完美塑形，同時確認側面沒有空氣進入。

7
一邊轉動模型，一邊用抹刀切掉多餘的麵團。在這個狀態下進行冷凍或直接使用。

有底的小模型
（塔模）
mini round cake pan with bottom
(millason mold)

1 把麵團擀壓成2mm左右的厚度。使用大於使用模型一圈的模型，把扎好小孔的麵團壓模成形。

2 把脫模完成的麵團放進模型裡，放入時要避免空氣進入底部。

3 和法式塔圈的步驟2相同，一手把麵團推進模型裡，另一手則用指腹把麵團推往側面。

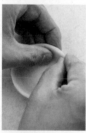

4 參考法式塔圈的步驟3，壓製出底角，同時把麵團推往側面，讓麵團和模型緊密貼合後，放進冷藏，使麵團緊縮。

5 把步驟4取出，重複步驟4的作業，讓麵團和模型緊密貼合後，用叉子扎小孔。

6 和左頁的步驟7相同，用抹刀切掉多餘的麵團，冷凍備用。

小方型
（費南雪的長方形模）
rectangular tartlet (financier individual mold)

※準備2支塑膠膜的捲筒，和小一圈的模型。

1 把模型等距排放在烤盤裡面。把麵團擀壓成符合模型的寬度，同時把厚度擀壓成2mm左右，扎小孔，鬆散地覆蓋在模型的上方。

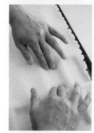

2 用兩指從上方輕壓，讓麵團稍微靠向模型（照片）。放進冷藏，待麵團稍微緊縮後，用兩指進一步按壓麵團。

3 把2支塑膠膜的捲筒放在上方滾動，裁切掉麵團。一次使用2支，就可以在不使模型晃動的情況下，裁切掉麵團。

4 把小一圈的模型放在麵團上方，往下按壓，讓麵團和模型緊密貼合。

5 把2根竹籤綁在一起，在底部扎小孔。冷凍備用。

馬卡龍殼
Macaron shells

製作馬卡龍之前

1. 蛋白取出後放置2～3天
蛋白取出之後，冷藏2～3天後再使用，因為打發狀態會比較穩定。順道一提，生吃的慕斯要使用剛打破的新鮮雞蛋。

2. 壓拌手法
壓破氣泡攪拌的壓拌手法，如果攪拌過度，會使材料變得沉重，要多加注意。

3. 出爐標準
輕壓表面，有稍微動一下的感覺，就是出爐的標準程度。如果完全不會動，就是烤太久；如果動得太明顯，則是烘烤時間不夠的狀態。在規定的出爐時間之前，不要打開烤箱，然後觀察烘烤的狀態，如果有必要，多烘烤幾十秒是最好的。

份量　參考各甜點的製作頁面

蛋白霜
蛋白
＊使用打破取出後，冷藏2～3天的蛋白。
微粒精白砂糖
依情況而定的色素

杏仁粉
糖粉

糖粉（樹脂製烤盤墊用）── 適量

＊如果想要製作淡雅風格的馬卡龍，可配合→P.168的柑橘櫻桃，免去色素的使用來製作。

Meringue
egg white
＊set and stock in cold storage
a few days after crack the eggs
caster sugar
food coloring (in some case)

almond flour
confectioners' sugar

1
把蛋白放進攪拌盆，視情況需要，滴入色素（色素亦可中途加入）。加入少量的砂糖，用中高速攪拌。

2
整體被白色泡沫覆蓋，呈現鬆軟狀態後，把剩下的砂糖分3～4次加入。

3
確實攪拌，直到勾角呈現挺立。倒進鋼盆裡，用橡膠刮刀調整質地。

4
把混合過篩的粉末類材料倒進步驟3，一邊用橡膠刮刀充分拌勻。只要整體攪拌均勻即可。

5
用橡膠刮刀的平面按壓翻拌。份量低於一半，出現光澤之後，把鋼盆邊緣的材料清除乾淨。

6
把5.5cm的模型放在樹脂製烤盤墊上，用糖粉預先做出記號，用口徑1.3cm的圓形花嘴，把步驟5等距擠在烤盤墊上面。

咖啡馬卡龍
Coffee macaron shells

7

用電風扇吹步驟6。經過8分鐘後,把電風扇轉向,進一步吹8分鐘,讓表面乾燥,直到就算觸摸,麵糊也不會沾黏在手指上的程度。

8

用指定的溫度和時間進行烘烤。中途會出現裙邊(Pied)。

9

放涼後,把馬卡龍殼從樹脂製烤盤墊上取下,排放在另一個烤盤墊上。

份量　直徑5.5cm 20個(40片)　　Makes forty 5.5-cm diameter macaron shells

蛋白霜
　蛋白 —— 165g
　＊使用打破取出後冷藏2～3天的蛋白。
　微粒精白砂糖 —— 150g
即溶咖啡 —— 15g
熱水 —— 5g
咖啡萃取物 —— 3g

　杏仁粉 —— 205g
　糖粉 —— 245g

Meringue
　165g egg whites
　＊set and stock in cold storage
　a few days after crack the eggs
　150g caster sugar
15g instant coffee
5g boiling water
3g coffee extract

　205g almond flour
　245g confectioners' sugar

1

參考馬卡龍殼的步驟1～3(→P.20),確實把蛋白和砂糖打發至呈現挺立勾角的程度,製作出蛋白霜。

2

把即溶咖啡放進鋼盆,用熱水融化成糊狀後,加入咖啡萃取物拌勻。☰1

3

把步驟2移至較大的鋼盆,用橡膠刮刀調整步驟1的質地後,撈1坨到步驟2裡面,輕柔翻拌。☰2

4

粗略翻拌後,倒進剩下的蛋白霜,粗略地輕柔拌勻。

5

參考左頁的步驟4～5,倒入混合過篩的粉類材料,一邊翻拌,壓破氣泡,持續翻拌直到呈現光澤為止。

6

參考左頁的步驟6～7,用口徑1.3cm的圓形花嘴,擠出5.5cm的圓形,讓表面乾燥。用122℃的烤箱烘烤18分左右。

☰1　如果把即溶咖啡和粉末混合,然後直接混進蛋白霜裡面,咖啡的粒子會殘留在麵糊的表面,所以要先製作成液體,再混進蛋白霜裡面。
☰2　加入咖啡後,容易變得緊實,所以要先加入少許的蛋白霜,稍微混合之後,再與整體混合。

薄荷馬卡龍
Mint macaron shells

份量　直徑5.5cm 20個（40片）　　　Makes forty 5.5-cm diameter macaron shells

薄荷葉 —— 10g
檸檬汁 —— 2g
蛋白霜
┌ 蛋白 —— 170g
│ ＊使用打破取出後，冷藏2～3天的蛋白。
│ 微粒精白砂糖 —— 155g
│ 黃色色素 —— 15滴
└ 綠色色素 —— 6滴

┌ 杏仁粉 —— 210g
└ 糖粉 —— 250g

10g fresh mint leaves
2g fresh lemon juice

Meringue
┌ 170g egg whites
│ ＊set and stock in cold storage
│ a few days after crack the eggs
│ 155g caster sugar
│ 15 drops of yellow food coloring
└ 6 drops of green food coloring

┌ 210g almond flour
└ 250g confectioners' sugar

1
把薄荷葉放進鋼盆，加入檸檬汁，用橡膠刮刀拌勻，靜置鎖色。

2
把步驟1的薄荷葉重疊在一起，用菜刀切成細碎。
＊製作麵糊之前，先用菜刀切碎，但不要切得太過細碎。≡¹

3
參考馬卡龍殼的步驟1～3（→P.20），製作出加了色素的蛋白霜，倒進較大的鋼盆裡。倒入步驟2，用橡膠刮刀粗略切拌。

4
參考馬卡龍殼的步驟4～5，完成麵糊，再參考步驟6～7，用口徑1.3cm的圓形花嘴，擠出5.5cm的圓形，讓表面乾燥。用126℃的烤箱烘烤18分左右。

≡1　薄荷如果用食物調理機絞碎，容易變色。
不要切得太細碎，烘烤出爐之後，咀嚼時就能更強烈的感受到薄荷味。

榛果達克瓦茲
Hazelnut dacquoise

份量　成品約290g

┌ 榛果粉 —— 25g
│ ＊製作之前，把帶皮的整顆榛果磨成略粗的粉末。
│ 杏仁粉 —— 40g
│ 低筋麵粉 —— 10g
└ 糖粉 —— 40g

蛋白霜
┌ 蛋白 —— 120g
└ 微粒精白砂糖 —— 55g

糖粉 —— 適量

Makes 290g

┌ 25g fresh coarsely ground shelled hazelnuts
│ ＊grind hazelnuts in food grinder
│ just before using
│ 40g almond flour
│ 10g all-purpose flour
└ 40g confectioners' sugar

Meringue
┌ 120g egg whites
└ 55g caster sugar

confectioners' sugar

1

在製作麵糊之前，用食物調理機把整顆帶皮榛果絞成略粗的粉末。
≡1

2

粉末類材料過篩備用。

3

製作蛋白霜。把蛋白放進攪拌盆，加入極少量的砂糖，用中高速打發。

4

整體被白色泡沫覆蓋，呈現鬆軟狀態後，加入剩餘砂糖的1/3份量。泡沫的質地變細緻後，把剩下的砂糖分成一半份量，分次加入。

5

確實打發，直到呈現挺立勾角。可是，砂糖有點少，如果打發過度，就會呈現團團棉花狀，必須多加注意。

6

把步驟5的蛋白霜挪移到鋼盆裡，用橡膠刮刀拌勻，調整質地。

7

配合步驟6的製作進度，把過篩的粉末類材料分次少量加入，一邊用橡膠刮刀切拌。

8

整體拌勻後就可以了。把麵糊擠在樹脂製烤盤墊上面，或是沾濕的矽膠模板裡面，撒上糖粉，用160～170℃的烤箱進行烘烤。

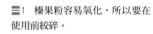

≡1　榛果粉容易氧化，所以要在使用前絞碎。

椰子達克瓦茲
Coconut dacquoise

份量　成品約335g（直徑5cm圓形38片）
＊準備直徑5cm的模型。

椰子細粉 —— 50g
杏仁粉 —— 50g
糖粉 —— 75g

蛋白霜
蛋白 —— 115g
精白砂糖 —— 65g

糖粉 —— 適量

Makes 335g
thirty eigtht 5-cm diameter dacquise
＊5-cm diameter round pastry cutter

50g coconut fine shred
50g almond flour
75g confectioners' sugar

Meringue
115g egg whites
65g granulated sugar

confectioners' sugar

1

把粉末類材料混合過篩備用，參考榛果達克瓦茲步驟2～7（→P.23），製作麵糊。

2

用糖粉和5cm的模型在樹脂製烤盤墊的上面做出標記，用1.3cm的圓形花嘴擠出步驟1，用170℃的烤箱烘烤19分鐘。

磅蛋糕
Pound cake dough

份量　參考各甜點的製作頁面

奶油（恢復至常溫）
糖粉
全蛋
杏仁粉
低筋麵粉
泡打粉

See each amount on
individual recipes

unsalted butter,
at room temperature
confectioners' sugar
whole egg
almond flour
all-purpose flour
baking powder

1
把恢復成常溫的奶油
（手指可輕易插入的程
度）和糖粉放進食物調
理機攪拌。

2
呈現髮蠟狀之後，加入
一半份量的雞蛋，繼續
攪拌，整體均勻之後，
把剩下的雞蛋全部加
入，再進一步攪拌。

3
用橡膠刮刀確認是否還
有奶油殘留。摩擦生熱
之後，麵糊會變得疲
軟，所以要注意避免攪
拌過度。

4
加入杏仁粉，同樣進行
攪拌。攪拌中途，把沾
黏在側面的麵糊刮乾
淨。

5
把混合的低筋麵粉和泡
打粉倒進步驟4裡面，
為避免產生麩質，要一
邊觀察狀態，一邊用短
開關進行攪拌。

6
確認沒有粉末殘留後，
倒進鋼盆裡面。倒進塗
了奶油的模型裡面，撒
上堅果等配料後，用
165～170℃烘烤，脫
模後放涼。

基本的奶油醬

香草的處理
How to use vanilla

只使用種籽
香草通常都是敲碎，連同豆莢一起
使用，但如果和奶油醬或果泥一起
烹煮，就算把豆莢清洗乾淨，仍會
有髒汙殘留。因此，要用刀子把種
籽刮下來，只使用種籽的部分。
去除種籽的豆莢，可以用來製作香
草糖（→下記）。

1
用佩蒂小刀把種籽從豆
莢上面刮下來，放進較
小的鋼盆。

2
加入少量一起烹煮的牛
乳或果泥等材料，用橡
膠刮刀拌開，把顆粒壓
碎後，放進鍋裡。

香草糖的製作方法

1
去除種籽的香草棒，用60～70℃
的烤箱烘乾，直到豆莢可輕易折
斷的程度。

2
把步驟1放進廚房鍋具裡面，用
擀麵棍的前端把豆莢搗碎。把香
草1：微粒精白砂糖2的比例份量
放進食物調理機，攪拌成更加細
碎，再用細濾網過濾。

3
步驟2過濾下來的較粗顆粒，進
一步放進食物調理機裡面攪拌，
然後過濾，和步驟2混合。

甜點師奶油醬
Custard cream

份量　成品約800g

牛乳 —— 525g
香草棒 —— 1/2條
蛋黃 —— 105g
精白砂糖 —— 120g
低筋麵粉 —— 30g
玉米粉 —— 30g

Makes about 800g

525g whole milk
1/2 vanilla bean
105g egg yolks
120g granulated sugar
30g all-purpose flour
30g corn starch

1
把牛奶倒進鍋裡。香草
只刮下種籽，用少量的
牛乳拌開（→P.24香草
的處理）後，加入牛
乳。

2
蛋黃用打蛋器充分打散
後，加入一半份量的砂
糖，磨擦攪拌。

3
把剩下的砂糖倒進步驟
1，開火，一邊攪拌加
熱。

4
步驟2的蛋黃攪拌後，
倒進過篩的低筋麵粉和
玉米粉，用打蛋器輕柔
畫圓攪拌。

5
步驟3的牛乳變溫熱
後，把少量倒入步驟4
的鋼盆裡，充分拌勻之
後，再過濾到其它鋼盆
裡面。

6
步驟3剩餘的牛乳一邊
攪拌，一邊持續加熱，
當牛乳沸騰，冒出的氣
泡浮到鍋子上方時，把
步驟5一口氣倒入，快
速翻拌。≡1

7
材料如照片般，呈現濃
稠狀之後，關火，倒進
調理盤。

8
用橡膠刮刀把材料抹
開，緊密覆蓋上塑膠
膜，吹風急速降溫，放
涼。
＊視情況需要，放進冷
藏。

≡1　一口氣加熱粉末的獨創作
法。這樣就不需要長時間持續攪
拌，一邊進行加熱。可是，必須
精準觀察蛋黃熟透時的時機。

杏仁奶油醬
Almond cream

份量　成品約1400g
＊材料全部預先恢復至常溫。

奶油 —— 350g
糖粉 —— 350g
全蛋 —— 350g
杏仁粉 —— 350g
＊製成榛果風味時，就採用與杏仁粉相同份
　量，總份量為350g。榛果在準備使用之前
　磨成粉末（→P.22榛果達克瓦茲）

Makes about 1400g

350g unsalted butter, at room temperature
350g confectioners' sugar,
at room temperature
350g whole eggs, at room temperature
350g almond flour, at room temperature
if you like hazelnut flavor, blend 175g
almond flour and 175g hazelnut flour
together. Grind shelled hazelnut
in food grinder just before using.

1
奶油預先放軟至手指可
輕柔插入的軟度，放進
食物調理機。

2
加入砂糖攪拌。整體攪
拌均勻後，加入打散的
全蛋拌勻。

3
拌勻後，加入杏仁粉攪
拌。

卡士達杏仁奶油醬
Frangipane cream

份量　參考各甜點的製作頁面
◎以甜點師奶油醬1比杏仁奶油醬2的比例混
　合。

甜點師奶油醬（→P.25常溫）
杏仁奶油醬（→P.25）

See each amount on individual recipes
◎ The ratio of custard cream and
almond cream should be 1 to 2 in weight

custard cream, see page 25
*Do not place in cold storage,
let cool at room temperature
almond cream, see page 25

1
用橡膠刮刀切開甜點師
奶油醬，放進食物調理
機裡面攪拌，放軟至乳
霜狀。

2
杏仁奶油醬放進鋼盆，
把步驟1倒入。

3
用橡膠刮刀切拌，直到
呈現柔滑狀態。

安格列斯醬
Anglaise sauce

份量　參考各甜點的製作頁面

牛乳
香草棒
微粒精白砂糖
蛋黃

See each amount on
individual recipes

whole milk
vanilla bean
caster sugar
egg yolk

1
把牛奶倒進鍋裡。加入
用少量牛乳拌開的香草
種籽（→P.24香草的處
理），加入一半份量的
砂糖。開火，用打蛋器
一邊攪拌加熱，使砂糖
融化。

2
蛋黃放進鋼盆打散，加
入剩下的砂糖，攪拌至
整體呈現柔滑狀後，倒
入步驟1的全部份量。

3
用打蛋器充分攪拌步驟
2後，倒回步驟1的鍋
子，用中火加熱，同時
持續不斷的攪拌。

4
持續加熱攪拌，直到呈
現體積膨脹，攪拌痕跡
明顯殘留的濃稠狀。要
持續攪拌，避免有任何
結塊產生。
＊截至目前的烹煮步驟是
杉野風格的做法。≡1

5
把步驟4快速過濾到鋼
盆（添加明膠的話，就在
這個時候加入融化）。
讓鋼盆底部隔著冰水，
一邊攪拌冷卻至適當溫
度。≡2

≡1　因為希望確實殺菌，所以持
續烹煮至這個步驟。
≡2　因為容易凝固，所以動作要
盡量快速。

奶油霜
Butter cream

份量　參考各甜點的製作頁面

安格列斯醬（→P.26）
奶油（恢復至常溫）

義式蛋白霜
┌ 蛋白
│ 精白砂糖
└ 水

See each amount on individual recipes

anglaise sauce, see page 26
unsalted butter, at room temperature

Italian meringue
┌ egg white
│ granulated sugar
└ water

1
製作安格列斯醬，煮好之後，過濾到鋼盆裡（→P.26）。隔著冰水，讓溫度下降至35～36℃。

2
奶油恢復至手指可戳入的軟度。

3
把步驟2放進攪拌盆，用中高速確實打發至泛白。
＊確實打進氣泡，打發。
☰1

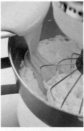

4
步驟1的安格列斯醬分3次倒入步驟3裡面，一邊用中高速攪拌。攪拌均勻後，倒進鋼盆。
＊份量較少時，分2次加入。

5
義式蛋白霜在準備使用之前製作，在稍微溫熱時停止攪拌，在鋼盆裡攤開，放進冷藏冷卻至「人體肌膚的溫度」（→P.44果泥慕斯的步驟4～6）。☰2

6
把步驟5倒進步驟4裡面，剛開始，用打蛋器粗略翻拌，避免壓破氣泡。
＊為了盡可能保留氣泡，要避免翻拌過度。

7
最後，改用橡膠刮刀，從側面和底部進行翻拌，避免翻拌不均。

☰1　材料充滿更多氣泡，就會更顯輕盈，口感也會比較柔滑，所以奶油要確實打發。
☰2　如果持續攪拌至完全冷卻，氣泡就會縮小，和奶油混合之後，就會更容易結塊，所以要在溫度達到人體肌膚程度時停止作業。

果泥奶油霜
Fruit butter cream

以果泥安格列斯醬為基底的奶油霜
Butter cream with fruit purée anglaise sauce

份量　參考各甜點的製作頁面

奶油霜（→P.27）
果泥（切成1cm丁塊後，解凍）

See each amount on individual recipes

butter cream, see page 27
frozen fruit purée, cut into 1cm-cubes,
and defrost in 20℃

份量　參考各甜點的製作頁面

果泥安格列斯醬
┌ 果泥A（冷凍狀態下切成1cm丁塊）
│ 香草棒
│ 精白砂糖
│ 蛋黃
└ 果泥B（冷凍狀態下切成1cm丁塊）

奶油（恢復至常溫）
義式蛋白霜
┌ 蛋白
│ 精白砂糖
└ 水

See each amount on individual recipes

Anglaise sauce with fruit purée
┌ frozen fruit purée A, cut into 1-cm cubes
│ vanilla bean
│ granulated sugar
│ egg yolk
└ frozen fruit purée B, cut into 1-cm cubes

unsalted butter, at room temperature
Italian meringue
┌ egg white
│ granulated sugar
└ water

1
參考奶油霜的步驟1～4（→P.27）製作奶油霜，並分2～3次加入解凍至20℃左右的果泥，一邊進行攪拌。

2
參考奶油霜的步驟5～7，製作義式蛋白霜，倒入步驟1裡面，粗略翻拌。

1
把果泥A放進銅鍋，加熱融化。用這個果泥液代替牛乳來製作安格列斯醬。

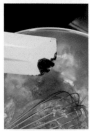

2
用少量的步驟1把香草的種籽拌開，然後再連同少量的砂糖一起倒進步驟1裡面，參考安格列斯醬的製作方法（→P.26），進行烹煮。

3
改用中火，不斷攪拌加熱，呈現攪拌痕跡明顯殘留的濃稠狀之後，過濾到鋼盆裡面（→P.26安格列斯醬步驟4～5）。

4
馬上把冷凍狀態的果泥B（一半份量）倒進步驟3裡面攪拌。利用安格列斯醬的熱度使果泥融化，同時也能降低溫度。

5
剩下的果泥B在準備使用之前解凍（→P.43製作慕斯之前），倒進步驟4裡面攪拌。把溫度調整成26～27℃。≡1

6
參考奶油霜的步驟2～7（→P.27），加入打發的奶油，接著再加入義式蛋白霜翻拌。

≡1　果泥有酸味。用果泥烹煮安格列斯醬的時候，如果把冷凍狀態下的果泥B全部加入，就會使溫度瞬間下降，導致奶油分離。在溫度稍微下降之後，再加入解凍的果泥，就可以達到階段性的降溫。

甘納許
Chocolate cream filling

份量　參考各甜點的製作頁面

巧克力
＊預先用食物調理機絞成細末。
轉化糖
＊放在巧克力上面量秤。

  水飴
  鮮奶油（乳脂肪38%）
  ＊有時也可添加牛乳。
奶油（5mm丁塊。恢復至常溫）

See each amount on individual recipes

chocolate, finely chopped
invert sugar
  starch syrup
  fresh heavy cream, 38% butterfat
  *occasionally add whole milk.
unsalted butter, cut into 5-mm cubes,
at room temperature

1
把水飴和鮮奶油放進鍋裡，用橡膠刮刀翻拌，加熱至67～68℃。

2
把絞碎的巧克力和轉化糖放進鋼盆，倒入步驟1。
＊轉化糖只要放進容易分離的材料裡面，就會比較穩定。

3
稍微等待巧克力融化後，用打蛋器從中央開始一點點的攪拌，讓材料慢慢乳化。

4
材料產生光澤，呈現糊狀之後，慢慢擴大攪拌範圍。
＊光澤和糊狀的硬度是乳化的標準。☰1

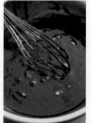

5
乳化之後，加入切好的奶油，讓奶油沉入，稍微融化。

6
奶油融化後，進行攪拌。奶油的顆粒完全消失後，把鋼盆捧起往下輕敲，排出多餘的空氣。攪拌溫度大約是32℃左右。

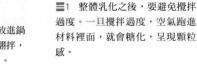

☰1　整體乳化之後，要避免攪拌過度。一旦攪拌過度，空氣跑進材料裡面，就會糖化，呈現顆粒感。

甜點的配料

堅果
Nuts

脆皮杏仁
Praline bits

份量　成品約200g

水 —— 25g
精白砂糖 —— 100g
杏仁碎粒（1/16切片） —— 100g

Makes about 200g

25g water
100g granulated sugar
100g diced almonds, 3-4mm size

脆皮杏仁冷凍保存

一次製作較多份量時，可裝進夾鏈袋冷凍保存，使用時，再取出需要份量解凍即可。

1
把水倒進手鍋，加入砂糖，開火煮沸。沸騰後，暫時關火，放進杏仁翻拌。

2
糖水充分拌勻後，再次開火持續翻拌。

3
翻拌一段時間後，材料會固化。杏仁糖化之後，再次把火關掉。

4
進一步充分拌勻，杏仁呈現顆粒狀之後，再次開火，持續翻拌，使材料焦糖化。

5
整體呈現均勻的茶色之後，關火，倒在樹脂製烤盤墊上面。

6
去除掉只有砂糖的結塊之後，把杏仁碎粒鋪平，放涼。

脆皮覆盆子
Raspberry praline bits

份量　成品約140g

杏仁碎粒（1/16切片） —— 100g
＊用168℃的烤箱烘烤15分鐘。
覆盆子果泥
（切成1cm丁塊後，解凍） —— 50g
砂糖 —— 50g

Makes about 140g

100g diced almonds, 3-4mm size
＊Roast in a 168℃ oven for 15 minutes
50g frozen raspberry purée,
cut into 1 cm cubes, and defrost
50g confectioners' sugar

1
把烘烤好的杏仁放進鋼盆，再放進解凍好的覆盆子果泥翻拌，然後再倒進糖粉翻拌。

2
把步驟1鋪平在樹脂製烤盤墊上面，放進80℃的烤箱，每隔10分鐘，取出翻拌整體。

3
烘烤時間約1小時。烘烤完成後，呈現鬆散的顆粒狀。放涼後，冷凍保存。

脆皮覆盆子冷凍保存

脆皮覆盆子同樣也可以冷凍保存。可是，覆盆子容易變色，香氣也容易流失，所以大約製作2～3天份就夠了。分成小份量，放進夾鏈袋進行冷凍即可。

焦糖榛果糖
Caramelized hazelnuts

份量　約30×40cm大小

奶油 —— 30g
蜂蜜 —— 8g
水飴 —— 8g
精白砂糖 —— 40g
鮮奶油（乳脂肪38%）—— 25g
榛果碎粒（1/16切片）—— 30g

Makes about30×40cm size

30g unsalted butter
8g honey
8g starch syrup
40g granulated sugar
25g fresh heavy cream, 38% butterfat
30g diced hazelnuts, 3-4mm size

1
用鍋子把奶油、蜂蜜、
水飴、砂糖加熱融化，
加入鮮奶油，關火，用
木杓翻拌。加入榛果碎
粒拌勻。

2
把步驟1倒在烤盤上面
的樹脂製烤盤墊，用橡
膠刮刀鋪平。

3
用180℃的烤箱烘烤
11分鐘左右。

焦糖杏仁片
Caramelized sliced almonds

份量　杏仁片450g的份量

杏仁片 —— 450g
砂糖 —— 225g
波美30°的糖漿 —— 300g

Makes 450g sliced almonds

450g sliced almonds
225g confectioners' sugar
300g beaume-30° syrup

1
把杏仁片放進鋼盆，加
入糖粉翻拌後，分次倒
入30°的糖漿。

2
把步驟1倒在烤盤上面
的樹脂製烤盤墊，用橡
膠刮刀盡可能地撥散杏
仁片。用170℃的烤箱
烘烤3分鐘。

3
取出步驟2，用橡膠刮
刀把杏仁片從烤盤墊上
刮下來。由於杏仁片很
薄，所以作業時要特別
小心，以免造成破裂。
再進一步用170℃烘烤
3分鐘。

4
從烤箱中取出，再進一
步用橡膠刮刀或手，把
杏仁片刮下，再用
170℃烘烤15～16分
鐘，直到杏仁片呈現焦
黃色。

咖啡堅果糖
Coffee praline

份量　杏仁1kg的份量

杏仁 ── 1kg
精白砂糖 ── 500g
即溶咖啡 ── 40g
水 ── 125g

Makes 1kg almonds

1kg almonds
500g granulated sugar
40g instant coffee
125g water

杏仁的篩選

≣1　因為受熱情況會有不同，所以像照片裡的這種變形杏仁，要在烘烤前先加以剔除，或是當成杏仁碎粒使用。

多餘的糖衣

≣2　最後多出來的砂糖，可以放進裝有乾燥劑的密封容器裡，在製作咖啡費南雪的時候可加以利用。

1　杏仁用168℃的烤箱烘烤15分鐘備用。≣1

2　把砂糖和即溶咖啡放進銅鍋，用木杓充分拌勻後，加水，用瓦斯爐火的中火加熱。

3　一邊翻拌加熱，沸騰起泡後，關火，放進杏仁。充分翻拌。

4　杏仁充分裹滿糖漿後，用大火加熱，用木杓粗略翻拌20次。關火，等待1分鐘。

5　再次用大火加熱。重複步驟4翻拌20次後關火1分鐘的作業，共計6～7次。

6　翻拌的手感變得沉重之後，材料就會逐漸糖化。

7　完成步驟4～5的作業指定次數，杏仁變得顆粒分明後，關火，放置1分鐘。

8　接著，在不加熱的情況下持續翻拌。等多餘的砂糖散落鍋底後，再次開火。

9　用中～大火加熱，進一步翻拌3分鐘。利用熱度使糖衣融化。

10　待裹上散落鍋底的砂糖，出現光澤後，便可以起鍋。倒在樹脂加工的烤盤上。

11　用手按壓鋪平，再用雙手夾住輕搓，避免顆粒沾黏在一起，一邊使多餘的砂糖散落。≣2

水果
Fruits

煎水果
Fruits sauté

煎蘋果——材料水分較多的情況
Apple sauté—— For juicy fruit

份量　48塊的份量

奶油——20g
精白砂糖——110g
蘋果白蘭地（Calvados）——20g
蘋果（常溫▤1）——2個
＊使用紅玉蘋果。
　如果沒有，就選用帶有酸味的品種。

Makes 48 pieces

20g unsalted butter
110g granulated sugar
20g calvados
2 apples

▤1　水果如果在冰涼狀態下丟進平底鍋，就會使焦糖化的砂糖結晶化，所以要使用常溫狀態的水果。
▤2　最後，煎水果放涼的時候，要利用吹風的方式急速降溫，避免有太多餘熱，就可維持新鮮口感。
▤3　水分較少的香蕉等水果，要在焦糖化的中途，先加入2/3左右的酒，緩和焦糖化的速度，就可避免焦黑。

1
蘋果去除外皮和果核，縱切成12等分，再進一步切成對半。加熱平底鍋，放入奶油，奶油融化後，把精白砂糖撒在整個鍋底。

2
砂糖呈現焦糖狀之後，放進切好的蘋果。

3
一邊晃動平底鍋，一邊讓蘋果裹上焦糖，同時進行加熱。

4
蘋果呈現帶有透明感的焦糖色之後，撒入蘋果白蘭地（Calvados），晃動鍋子，使整體裹滿白蘭地，把鍋子從爐子上移開。

5
把步驟4的蘋果攤鋪在樹脂製烤盤墊上面，用抹刀把每塊蘋果分開，吹風降溫。▤2

煎香蕉
——材料水分較少的情況
Banana sauté —— For fruit not so moist

份量　約2條香蕉

香蕉（常溫）——去除頭尾後，305g
＊厄瓜多產。
檸檬汁——10g
奶油——10g
精白砂糖——60g
蘭姆酒——35g

Makes about two bananas

305g banana pulp, "Ecuadorean banana"
10g fresh lemon juice
10g unsalted butter
60g granulated sugar
35g rum

1
香蕉把1條切成4等份後，分別縱切成4等份的片狀，接著把方向轉90度，縱切成3等分，切成7～8mm左右的丁塊。

2
為了防止變色，把檸檬汁倒進步驟1裡面，晃動整個鋼盆，翻拌。
＊容易變色的水果，切好之後要先裹上檸檬汁。

3
參考煎蘋果的步驟1（→左記），用奶油和砂糖進行焦糖化，倒入2/3份量的酒，緩和焦糖化。▤3

4
把香蕉丟進步驟3裡面，參考煎蘋果的步驟3～5，完成煎香蕉的製作。剩下的酒就在煎蘋果的步驟4加入。

糖漬橙皮
Candied orange peel

份量　18顆柑橘的橙皮份量

橙皮　18顆的份量
＊切成對半，榨成果汁後的剩餘柑橘皮。
　榨果汁之前，先用棕刷把外皮徹底清洗乾
　淨，去除表皮的蠟和防霉劑。

燙煮用
```
┌ 水 ── 9ℓ
│ 醋 ── 180cc
└ 鹽巴 ── 36g
```

糖漿
＊相對於燙煮橙皮用的1kg材料，各500g的比
　例。
```
┌ 精白砂糖 ── 適量
└ 水 ── 適量
```

Makes peel of 18 oranges

18 oranges
For blanch
```
┌ 9ℓ water
│ 180cc vinegar
└ 36g salt
```

Syrup for 1kg blanched orange peels
```
┌ 500g granulated sugar
└ 500g water
```

糖漬橙皮碎末

把用食物調理機絞碎的糖漬橙皮，
放進夾鏈袋裡冷凍，每次取出需要
的份量，解凍後使用。

1
把燙煮（烹煮）用的材
料放進鍋裡，用大火煮
沸後，放進橙皮。首
先，一邊翻拌，一邊加
熱。≡1

2
再次煮沸後，調整火
侯，在材料不會溢出的
情況下烹煮60～70分
鐘。這個動作是為了軟
化纖維，使糖漿更容易
滲透。

3
在中途浸泡冰水，用湯
匙把內側的薄皮和白瓤
刮下，觀察橙皮的狀
態。只要呈現出透明
感，就OK了。

4
把步驟3從熱水裡撈起
來，確實瀝乾水分，放
進冰裡面，降低熱度。

5
首先，用圓形花嘴挖掉
蒂頭，用湯匙刮除薄皮
和導致苦澀味的白瓤。
由於還是需要一點點苦
味，所以要保留些微程
度的白瓤。

6
把步驟5清洗乾淨後，
確實擠掉水分。這個時
候，測量橙皮的重量。
把橙皮排放在鍋子裡
面。

7
把相對於橙皮1100g
（拍攝時）的砂糖和熱
水（各600g）放進另一
鍋子加熱，把滾燙的糖
漿倒進步驟6的鍋中，
淹過橙皮。
＊若無法淹過的話，就再
添加相同比例的糖漿。

8
為了讓橙皮確實浸漬到
糖漿，在上方放置烘焙
紙和重石，開火加熱煮
沸後，用咕嘟咕嘟冒泡
程度的火侯烹煮60分
鐘左右，關火。

9
放涼之後，整齊排放在
廚房鍋具裡面，同時也
倒入糖漿，再放上小一
尺寸的廚房鍋具和模型
用的重石，在室溫下
（夏天則冷藏）放置一
個晚上。

10
隔天只把糖漿倒出來，
放進鍋裡，量秤糖漿的
重量。加入糖漿重量1
成的砂糖（份量外），
煮沸後，撈除浮渣。

11
把步驟10倒回放了橙
皮的廚房鍋具裡面，壓
上重石，放置一個晚
上。重複步驟10的作
業5～7次。試吃看
看，在保有新鮮感的時
候結束作業。≡2

≡1　醋可以軟化果皮，使發色更
好；鹽可以抑制苦味，去除果皮
的髒汙。
≡2　市售品為了拉長保存期限，
會提高甜度，但也少了素材的新
鮮感和苦味。因此，使用自行烹
煮的橙皮，比較有新鮮感。

糖漬柚皮
Candied grapefruit peel

份量　8顆葡萄柚的柚皮份量

葡萄柚皮　8顆的份量
＊切成對半，榨成果汁後的剩餘葡萄柚皮。
　和柑橘一樣，清洗外皮。

燙煮用
┌ 水 —— 7ℓ
│ 醋 —— 140cc
└ 鹽巴 —— 30g

糖漿
＊相對於燙煮柚皮用的1kg材料，砂糖915g、
　水680g的比例。
┌ 精白砂糖 —— 適量
└ 水 —— 適量

Makes peel of 8 grapefruits

8 grapefruits
For blanch
┌ 7ℓ water
│ 140cc vinegar
└ 30g salt

Syrup for 1kg blanched grapefruit peels
┌ 915g granulated sugar
└ 680g water

糖漬柚皮碎末
把用食物調理機絞碎的糖漬柚皮碎末，放進夾鏈袋裡冷凍，每次取出需要的份量，解凍後使用。

1 用湯匙把葡萄柚皮上的薄皮刮除。刮除完成後，縱切成對半。≡1

2 參考糖漬橙皮的步驟1～2（→P.34），放進步驟1燙煮，加熱45分鐘左右。

3 取1片柚皮浸泡冰水，去除白瓤後進行觀察，只要呈現出透明感，就可以關火，用冰水冷卻（同左頁的步驟4）。

4 去除白瓤，清洗後，擠掉水分。切成對半，如果有蒂頭，就加以去除，並修整邊緣。量秤柚皮的重量。

5 把相對於柚皮重量1kg的砂糖915g和水680g放進銅製的平鍋，用瓦斯爐把糖漿煮沸，放進步驟4。

6 用木杓一邊翻拌，一邊用大火烹煮，直到水分幾乎快收乾為止。剛開始要頻繁的翻拌，讓柚皮裹滿糖漿。

7 柚皮進一步呈現透明感。當柚皮像照片這樣，完全沒有水分，同時也產生光澤時，就把柚皮攤放在調理盤，放涼。

8 在托盤上面放置烤網，再把柚皮逐片重疊排放上去，冷藏2天，讓糖漿滴乾。

先去除白瓤

≡1 柚子皮比橙皮更厚。先把薄皮和部分白瓤刮除，再進行燙煮，就比較容易熟透。

035

糖煮冷凍黑醋栗
Frozen blackcurrant compote

份量　冷凍黑醋栗　100g

水 —— 40g
精白砂糖 —— 40g
冷凍黑醋栗（整顆）—— 100g

Makes 100g frozen blackcurrants

40g water
40g granulated sugar
100g frozen blackcurrants

1
把水、砂糖放進手鍋，
用打蛋器充分拌勻後，
開火加熱。砂糖融化之
後，直接放入冷凍狀態
的黑醋栗。

2
煮沸之後，關火，直接
放冷，讓糖漿滲進黑醋
栗裡面。倒進廚房器具
裡，放涼後，冷藏保存
一星期左右。

使用時

把汁液瀝乾，用廚房紙巾吸乾
水分後使用。

糖漬大黃根
Frozen rhubarb compote

份量　成品約550g

冷凍大黃根 —— 500g
＊預先切好的種類。
　在水分淹過整體的情況下解凍。
精白砂糖 —— 200g
檸檬汁 —— 40～50g

Makes about 550g

500g frozen rhubarb, defrost halfway
200g granulated sugar
40 to 50g fresh lemon juice

1
把半解凍的大黃根放進
鋼盆，撒入砂糖，在室
溫下靜置。

2
釋出水分後，連同大黃
根一起倒進手鍋，開大
火加熱。一邊翻拌加
熱，煮沸後，調整火
侯。

3
纖維軟化，呈現糊狀之
後，把手鍋從爐上移
開，一邊翻拌，一邊隔
著冰水降溫。

4
熱度消退後，加入檸檬
汁拌勻。
＊利用檸檬的酸味增添風
味。

糖漬金桔
Kumquat compote

份量　成品低於400g

金桔（大）—— 300g（約18顆）
精白砂糖 —— 150g
水 —— 150g

Makes about 400g

300g kumquats, big size
150g granulated sugar
150g water

1
去除金桔的蒂頭，橫切成對半，
用鑷子去除種籽。

2
砂糖和水放進手鍋後，預先充分
拌勻，然後把步驟1倒入，蓋上
有孔的紙蓋，用中火～大火加
熱。鍋緣咕嘟咕嘟冒泡之後，馬
上關火。

3
把步驟2倒進瓶子，蓋上蓋子，
把瓶子顛倒過來放置。冷卻後，
冷藏。最長可保存六個月左右。
＊使用的瓶子確實清洗乾淨，用低溫
的烤箱，把瓶子徹底烘乾；蓋子則要
煮沸1分鐘，晾乾備用。

果凍
Jelly

份量　參考各甜點的製作頁面

片狀明膠
酒
果泥（冷凍狀態下切成1cm丁塊）或果汁等
檸檬汁
＊依果泥而定，某些果泥不使用。
微粒精白砂糖

See each amount on individual recipes

gelatin sheet, soaked in ice-water
liquor
frozen fruit purée, cut into 1 cm cubes,
or some juice
fresh lemon juice
caster sugar

1
把一半份量的酒放進鋼盆，再放入泡軟的片狀明膠備用。
＊酒的份量較少時，就在這個步驟裡加入全部份量。

2
果泥解凍後，加入檸檬汁、砂糖、剩餘的酒拌勻。
＊容易變色的桃子或洋梨、香蕉等果泥，要先裹上檸檬汁再解凍。

3
把步驟1隔水加熱，片狀明膠融化後，以絲狀倒入步驟2的一半份量，一邊拌勻。

4
以絲狀把步驟3倒回步驟2的鋼盆裡，一邊拌勻，避免明膠凝固。倒進模型裡，放進急速冷凍庫凝固。

製作內餡
Center for making cakes

在利用模型凝固的慕斯上面，用填餡器填入果凍。放進急速冷凍庫凝固。

製作小蛋糕的內餡時，把果泥或慕斯擠在樹脂製的花色小蛋糕模型裡面，放進急速冷凍庫凝固。

內餡的保存和處理

果凍或是由慕斯和果凍重疊而成的內餡，在凝固之後，從模型裡取出或裁切，修整好尺寸之後，裝進附蓋子的塑膠容器，再放進冷凍庫保存，使用之前再取出使用。

果醬（甜點用）
——黑醋栗、紅醋栗、
蜜桃、帶籽覆盆子

Jam (for the cake & decorating)
——blackcurrant, redcurrant,
blood peach, raspberry

份量　成品約350g

水飴——40g
精白砂糖A——80g
水——20g
果泥（冷凍狀態下切成1cm丁塊）——200g
＊只有覆盆子使用整顆冷凍的類型。
┌ 精白砂糖B——50g
└ HM果膠PG879S——6g
檸檬汁——15g

Makes about 350g

40g starch syrup
80g granulated sugar A
20g water
200g frozen purée, cut into 1cm cubes,
* only raspberry, use frozen raspberry whole.
┌ 50g granulated sugar B
└ 6g HM pectin (for fruit jelly candies)
15g fresh lemon juice

1
把水飴、砂糖A、水放進手鍋，開大火加熱。

2
煮沸，溫度達到105℃之後，關火，放入冷凍狀態的果泥（覆盆子則是整顆），仔細拌勻，使果泥融化。用打蛋器一邊翻拌，一邊倒入預先混合好的砂糖B和果膠，確實攪拌融化。

3
用橡膠刮刀把周圍的材料刮下來，再次開火，改用大火，用打蛋器一邊拌勻加熱，沸騰之後烹煮30秒。飾頂用則烹煮1分鐘。
＊加熱時間依製作的份量而有不同，若完成份量為1kg時，就要採用加倍的時間。

4
完成之後，隔著冰水一邊攪拌降溫，一邊倒進檸檬汁拌勻。
＊覆盆子使用整顆，就會成為帶籽覆盆子（帶籽果醬）。

蘋果乾
Dehydrated apple

份量　2顆蘋果的份量

蘋果 —— 2顆
水 —— 300g
檸檬汁 —— 20g
糖粉 —— 適量

Makes 2 apples

2 apples
300g water
20g fresh lemon juice
confectioners' sugar

1
削掉蘋果皮，把蘋果縱切成12等分，切成梳形切，再分別橫切成4塊。
＊皮可製成蘋果脆片（→右記）。

2
把水和檸檬汁放進鋼盆拌勻，放進步驟1的蘋果，在室溫下浸漬1小時。檸檬水具有鎖色的作用。

3
用廚房紙巾確實擦乾步驟2的水分，為了避免重疊，排放於鋪在烤盤上面的樹脂製烤盤墊上，撒上2次大量的糖粉。稍微濕潤之後，再撒上第二次。

4
用掀開擋板的90℃的烤箱，烘烤90分鐘。放涼後，利用密封容器保存。可冷藏保存5天。使用時，撒上Raftisnow（份量外）。

蘋果皮脆片
Apple peel chips

份量　2顆蘋果的份量

蘋果皮 —— 2顆的份量
糖粉 —— 蘋果皮重量的1/2

Makes peel of 2 apples

peels of 2 apples
confectioners' sugar,
half weight of the apple peel

1
用削皮器削掉蘋果皮，放進鋼盆。

2
把指定份量的糖粉撒在步驟1的整體，蘋果滲出汁液後，用手搓拌直到蘋果皮變軟。

3
用烘焙紙包覆，冷藏20～30分鐘之後，只有蘋果皮的邊緣捲曲成圓弧，將其等距排放在烤盤裡的樹脂製烤盤墊上面。

4
用掀開擋板的90℃的烤箱，烘烤1小時20分鐘。出爐放涼後，放進裝有乾燥劑的密封容器保存。在這個狀態下，可在室溫下保存2星期左右。

糖煮萊姆皮
Candied lime peel

份量　2顆份量的萊姆皮

萊姆皮 —— 2顆的份量
燙煮用
[水 —— 225g
  鹽巴 —— 15g
  ＊若是檸檬皮、橙皮的情況則為2g
波美30°的糖漿 —— 適量

Makes peel of 2 limes

peel of 2 limes
For blanch
[225g water
  15g salt
  ＊2g for lemon peel and orange peel
beaume-30° syrup

1
萊姆充分清洗乾淨，用刨刀把表皮刨成細絲狀。

2
把水放進手鍋煮沸，放進鹽巴和步驟1烹煮，煮出浮渣和蠟。用濾網過濾，用活水充分清洗乾淨後，把水瀝乾。☰¹

3
換個鍋子，把步驟2的萊姆皮放入，糖漿加入至幾乎淹過材料的程度，開火。萊姆皮呈現透明感之後，關火。連同鍋子一起隔著冰水急速降溫，藉此防止變色。
＊檸檬皮、橙皮也以相同情況製作，但因為檸檬皮或橙皮不會變色，所以不需要隔著冰水降溫。另外，製作橙皮時，要在糖漿裡面添加少量的紅色色素。

4
連同糖漿一起倒進容器裡，放涼後，用夾鏈袋分裝，冷凍保存。使用時進行解凍。
＊檸檬皮或橙皮採用冷藏保存。

☰1　萊姆為了鎖住鮮豔的綠色，會使用較多的鹽巴，因此必須充分清洗乾淨，但橙皮或檸檬皮的情況則稍微清洗即可。

紅酒煮無花果乾
Red wine poached dried figs

份量　無花果乾1kg的份量

糖漿
「 水飴——145g
　精白砂糖——180g
」 水——100g
紅酒——600g
黑醋栗果泥
　（冷凍狀態下切成1cm丁塊）——120g
「 精白砂糖——45g
」 HM果膠PG879S——4g
無花果乾（整顆）——1kg
法國香草束　裝進不織布的袋子裡面
「 丁香（整顆）——1g
　八角（整顆）——0.3g
」 肉桂棒——2g
檸檬汁——100g

1
把糖漿的材料放進銅鍋，充分拌勻，開大火加熱。溫度達到105℃後，關火。加入紅酒和冷凍狀態的黑醋栗果泥，果泥融化後，放進預先和45g的砂糖混合好的果膠，拌勻。

2
用橡膠刮刀把周圍沾黏的材料刮進鍋裡，改用木杓，開火加熱。放入無花果乾和法國香草束。再次煮沸後，烹煮1～2分鐘，一邊觀察狀況。無花果變軟後，關火，稍微冷卻後，攤放在鋼盆降溫。

3
冷卻後，加入檸檬汁，裝進消毒過的塑膠保存容器，冷藏保存。放置一晚後，拿掉法國香草束。在這種狀態下可保存1～2星期。

Makes 1kg dried figs

For the syrup
「 145g starch syrup
　180g granulated sugar
」 100g water
600g red wine
120g frozen blackcurrant purée,
cut into 1-cm cubes
「 45g granulated sugar
」 4g HM pectin (for fruit jelly candies)
1kg dried figs
for the Bouquet garni
「 1g cloves
　0.3g star anise
」 2g cinnamon stick
100g fresh lemon juice

糖漬洋梨
Red wine poached pears

份量　洋梨2顆

洋梨——2顆
紅酒——75g
水——80g
精白砂糖——35g
檸檬汁——15g
黑醋栗香甜酒——25g
黑醋栗果泥
　（冷凍狀態下切成1cm丁塊）——25g

Makes 2 pears

2 pears
75g red wine
80g water
35g granulated sugar
15g fresh lemon juice
25g crème de cassis (blackcurrant liqueur)
25g frozen blackcurrant purée,
cut into 1-cm cubes

1
洋梨去皮，縱切成對半後，切除硬梗和底部堅硬的部分，用挖球器挖除種籽部分。

2
把洋梨以外的材料放進手鍋，用打蛋器充分拌勻後，放進步驟1的洋梨，蓋上打洞的紙蓋，用中～大火加熱。

3
煮沸後，關火，放進瓶子裡，蓋上蓋子，把瓶子顛倒放置（→P.36糖漬金桔的步驟3）。放涼後，冷藏保存。開封後，在1星期以內使用完畢。

法式水果軟糖（裝飾用）
Fruit jelly candies, for décor

份量　成品約37cm正方形模1塊的份量（3cm丁塊144個）

黑醋栗（糖度76brix％）
Blackcurrant (Brix of 76%)

精白砂糖 —— 1kg
HM果膠PG879S —— 18g
檸檬酸 —— 7g
水飴 —— 285g
＊水飴的份量（或部分份量）取決於
　砂糖。
黑醋栗果泥
　（冷凍狀態下切成1cm丁塊）—— 455g
水 —— 740g

最後加工用砂糖　將以下材料混合備用
┌ 精白砂糖 —— 75g
└ 鬆餅粉 —— 75g

Makes 144 blackcurrant jelly candies
of 3-cm square
*37-cm sguare cake ring

1kg granulated sugar
18g HM pectin (for fruit jelly candies)
7g citric acid
285g starch syrup
455g frozen blackcurrant purée,
cut into 1-cm cubes
740g water

For the finish
┌ 75g granulated sugar
└ 75g wafer powdered

紅醋栗（糖度76brix％）
Redcurrant (Brix of 76%)

精白砂糖 —— 1kg
HM果膠PG879S —— 18g
檸檬酸 —— 7g
水飴 —— 285g
紅醋栗果泥
　（冷凍狀態下切成1cm丁塊）—— 555g
水 —— 740g

最後加工用砂糖（→左記）

Makes 144 redcurrant jelly candies
of 3-cm square
*37-cm sguare cake ring

1kg granulated sugar
18g HM pectin (for fruit jelly candies)
7g citric acid
285g starch syrup
555g frozen redcurrant purée,
cut into 1-cm cubes
740g water

For the finish
┌ 75g granulated sugar
└ 75g wafer powdered

百香果（糖度78brix％）
Passion fruit (Brix of 78%)

精白砂糖 —— 1kg
HM果膠PG879S —— 24g
檸檬酸 —— 12g
水飴 —— 285g
百香果果泥
　（冷凍狀態下切成1cm丁塊）—— 455g
水 —— 455g

最後加工用砂糖（→左記）

Makes 144 passion fruit jelly candies
of 3-cm square
*37-cm sguare cake ring

1kg granulated sugar
24g HM pectin (for fruit jelly candies)
12g citric acid
285g starch syrup
455g frozen passion fruit purée,
cut into 1-cm cubes
455g water

For the finish
┌ 75g granulated sugar
└ 75g wafer powdered

1
砂糖和果膠放進鋼盆，充分拌勻。檸檬酸用少量的溫水（份量外）融化備用。
＊以下是黑醋栗法式水果軟糖的照片。

2
把水飴、果泥、水放進銅鍋，用中～大火的瓦斯爐火加熱，一邊拌勻一邊加熱，使果泥和水飴融化。

3
水飴完全融化後，暫時關火，把步驟1拌勻的砂糖和果膠倒入，一邊用打蛋器拌勻。用橡膠刮刀把側面的材料刮下，避免有果膠殘留。

4
再次開火加熱，一邊用木杓拌勻，一邊用中～大火加熱，直到呈現濃稠狀（12～13分鐘）。

5
一邊用糖度計確認糖度，一邊拌勻加熱，直到達到指定糖度（黑醋栗為76brix％等→份量欄）為止。

6
達到指定糖度後，把檸檬酸倒進步驟5，充分拌勻。

7
把樹脂製烤盤墊放在大理石上面，再重疊上方形模，然後再把步驟6倒入。

8
凝固後，用佩蒂小刀把步驟7從方形模上卸下，在室溫下放置一晚，讓材料確實凝固。

9
把最後加工用砂糖攤撒在切割器和步驟8的表面。把步驟8翻面，對齊切割器的線條，拿掉樹脂製烤盤墊。

10
步驟9的表面也要撒滿最後加工用砂糖，把切框往下按壓切割，再利用金屬板把切框撈起，將方向旋轉90度。

11
把切框鋼絲上的髒汙擦乾淨，進一步切割成3cm的丁塊。去除邊緣。

12
把放在調理盤裡的最後加工用砂糖塗抹在步驟11上面。剖面也要塗抹砂糖，把一顆顆軟糖拆開，排放在托盤上面。▤1

裝飾蛋糕時

把1個分成2等分或是4等分後，就可作為裝飾使用。

▤1 法國水果軟糖往往偏甜，所以厚度採用1cm左右就好。另外，最後加工用砂糖加入一半份量的鬆餅粉，可抑制甜度。

巧克力
Chocolate

巧克力淋醬
Chocolate glaze

份量　成品約570g

精白砂糖 —— 250g
可可粉 —— 100g
水 —— 150g
鮮奶油
　（乳脂肪38%）—— 150g
片狀明膠 —— 15g

Makes about 570g

250g granulated sugar
100g cocoa powder
150g water
150g fresh heavy cream,
38% butterfat
15g gelatin sheets,
soaked ice-water

使用時

取必要份量，加入（使用量）
一半份量的波美30°的糖漿，
隔水加熱融化。作為淋面披覆
使用時，採用28～30℃；用
抹刀塗抹於表面時，採用
26～27℃；用花嘴擠出時，
則要把溫度調整成25℃。溫
度如果太高，會不容易凝固；
如果溫度太低，材料就會變
厚，影響味道。

1
依序把砂糖、可可粉放
進手鍋，用打蛋器充分
拌勻。這樣就可以搓開
可可粉的結塊。

2
分次把水倒進步驟1，
用打蛋器拌勻，呈現糊
狀之後，用中火～大火
加熱，一邊攪拌加熱，
直到產生光澤為止。

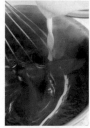

3
材料呈現流動狀，整體
咕嘟咕嘟沸騰，呈現光
澤後，一邊攪拌，一邊
倒入鮮奶油。

4
再次沸騰之後，用大火
加熱攪拌，持續烹煮2
分鐘之後，過濾倒入鋼
盆裡面。

5
隔著冰水，用橡膠刮刀
攪拌，使溫度下降至
50℃左右，把明膠分
片放進鋼鍋，使明膠融
化。放進廚房器具，冷
藏保存。

黑巧克力（巧克力裝飾）
Chocolate decoration

份量
＊準備一片和25×35cm的烤盤相同大小的略厚OPP膜。

巧克力（預先調溫→P.371）—— 500g以上
＊黑巧克力的可可含量為56%；牛奶巧克力則使用可可含量41%
　的種類。500g是調溫後維持溫度的最低份量。

*25×35-cm OPP sheet
500g or more chocolate, tempered, see page 371
*dark chocolate -56% cacao, milk chocolate -41% cacao

準備　讓OPP膜緊密貼附在托盤上面（→P.43）。

片狀　Sheet　數量：25×35cm（一片）；用量：30～40g。
把30～40g倒在OPP膜上面，用折角抹刀抹平。凝固
後，戴上手套，切割成需要形狀、大小後使用。

翅膀狀　wing-shaped plate
數量：40片；用量：50～60g。
數量、用量以下皆同。

用小抹刀撈取巧克力，放在OPP
膜上面，然後直接把巧克力往內
塗抹。使中央變薄，呈現隱約透
光。

漩渦狀　swirl plate
用湯匙撈取巧克力，放在OPP膜
上面，再用湯匙背面旋轉描圓。
也可以撒上脆皮杏仁（→P.30）
或是壓碎的黑胡椒等配料。

橢圓形　oval plate
用湯匙撈取巧克力，放在OPP膜
上面，再用湯匙背面，把巧克力
拖畫成帶狀。使中央變薄，呈現
隱約透光。也可以撒上壓碎的黑
胡椒等配料。

黑巧克力的保存

在室溫（18℃）下放置，凝固後，連同OPP膜
一起，中間隔著白報紙，重疊放置在調理盤上
面，冬天在室溫下保存，夏天則要放進冷藏。

基本的慕斯

製作慕斯之前

準備模型用托盤

1
在托盤上面噴撒酒精，讓平鋪的OPP膜對齊托盤前方的邊緣。

2
使用切麵刀，把下方的空氣推擠出去，讓OPP膜和托盤緊密貼合。

3
用小刀裁切掉超出後方的OPP膜。
在注意衛生性的同時，盡可能使慕斯的表面平整。

模型要緊密放置在托盤上面。模型不多時，利用方形模或厚度控制尺等器具來固定模型，就能使作業更加容易。另外，樹脂製模型可直接放置於托盤，不需要OPP膜。
把容易離水的慕斯（沒有麵糊）直接裝進模型的時候，要預先冷藏，連同托盤一起冷卻備用。

果泥在使用前解凍

果泥在冷凍狀態下切成1cm丁塊，放進冷凍庫備用。為了維持香氣並預防變色，在使用之前利用IH調理器（不可使用瓦斯爐火）加熱解凍。由於攪拌時會產生金屬臭味，所以不要使用打蛋器，要使用橡膠刮刀。

乳霜

乳霜是由鮮奶油打發而成。慕斯採用乳脂肪含量35％和38％兩種鮮奶油，採用的份量比例相同，使用機器打發。基本上是在使用之前，在義式蛋白霜，或炸彈麵糊完成的時候，加以混合製成。

義式蛋白霜

義式蛋白霜如果攪拌至完全冷卻，就會塞滿氣泡，和冰冷的料糊混合時，就容易造成結塊。在使用之前打發，碰觸攪拌盆的底部，在溫度感受為38～39℃的時候關閉攪拌機，把義式蛋白霜攤放在鋼盆裡，放進冷凍庫快速冷卻。接著，加入預先製作好的乳霜，翻拌3次後，混入果泥或安格列斯醬。翻拌次數也要減少，才能維持材料的鬆軟、輕盈。

擠花的手也要冷卻

為避免手的溫度透過擠花袋影響到慕斯，擠花之前，用冰水冷卻雙手是杉野堅守的原則。

冷凍之前

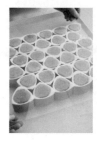

顛倒下料至模型裡後，為了使底部平整，抓著OPP膜的四個角落，把OPP膜平舖在表面，再用托盤從上方按壓，然後再放進急速冷凍庫。

呈糊狀的料糊溫度

把義式蛋白霜和乳霜混合在一起時，加入的果泥或安格列斯醬等料糊的溫度非常重要。果泥基本上要採用20℃，容易離水的水果果泥則要採用12～13℃，安格列斯醬採22～23℃。

最後務必用橡膠刮刀拌勻

慕斯完成後，一定要用橡膠刮刀從鋼盆的底部往上翻拌，為避免翻拌不均，側面沾黏的材料也要刮乾淨。側面如果有慕斯等材料沾黏，就會凝固、結塊，混入整體，影響到口感。

果泥慕斯
Fruit purée mousse

份量　參考各甜點的製作頁面

果泥（冷凍狀態下切成1cm丁塊）
檸檬汁
片狀明膠
酒

義式蛋白霜
[蛋白
  精白砂糖
  水]

乳霜（→P.43）

See each amount on individual recipes

fruit purée, cut into 1-cm cubes
fresh lemon juice
gelatin sheet, soaked in ice-water
liquor

Italian meringue
[egg white
  granulated sugar
  water]

whipped heavy cream
*blend the same amount of heavy cream
35% butterfat and 38% butterfat,
and whip until stiff peaks form
with machine.

1
把冷凍果泥放進鋼盆，開中火加熱，攪拌解凍，加入檸檬汁拌勻（容易變色的果泥要先淋上檸檬汁再解凍）。把溫度調整至10〜12℃左右。☰1

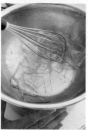

2
把明膠放進鋼盆，加入酒，隔水加熱融化。☰2

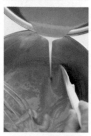

3
邊攪拌步驟2，邊倒入部分步驟1。移開隔水加熱，以絲狀倒回步驟1。在步驟8準備攪拌時，把溫度調整至20℃（容易離水的果泥，則調整至12〜13℃）。☰3

4 義式蛋白霜
攪拌機用中速開始打發蛋白。用手鍋煮沸砂糖和水，溫度達到118℃後，從鍋緣倒入。

5
在溫度比人體肌膚略微溫熱的時候，關閉攪拌機。不須攪拌至完全冷卻。

6
把步驟5倒進鋼盆，用橡膠刮刀從中央往外側攤開，放進冷凍庫稍微冷卻。

7
把步驟6倒進乳霜裡面，粗略翻拌3次。
＊步驟4〜7要在步驟3完成的時候進行混合作業。

8
把步驟3的溫度調整成20℃（若是容易離水的果泥，則調整至12〜13℃），以1/2〜1/3的份量分次倒進步驟7裡面，一邊轉動鋼盆，一邊用打蛋器切拌。☰4

9
當義式蛋白霜的結塊消失，色彩呈現均勻後再加入下個份量。

10
倒入步驟3剩餘的材料，以相同方式攪拌後，改用橡膠刮刀，從底部撈起翻拌，同時要把鋼盆邊緣刮乾淨。

☰1　檸檬汁可防止桃子、香蕉、洋梨等果泥變色，酸味則具有提味的作用。有些果泥則不使用。
☰2　根據經驗法則，在明膠裡面加點酒，感覺明膠會更容易在果泥中均勻擴散，所以便採用這種作法。不知道是不是因為酒讓明膠的黏性變低了，所以會變得更容易和義式蛋白霜或乳霜混合。
☰3　把融化部分果泥在其中的明膠，倒回冰冷的果泥裡面時，為避免明膠結塊，要以絲狀倒入，同時一邊攪拌。
☰4　果泥為內餡用（少量）時，分2次加入，作為本體慕斯時，則分3次加入。

以果泥安格列斯醬為基底的慕斯
Mousse with fruit purée anglaise sauce

份量　參考各甜點的製作頁面

果泥安格列斯醬
┌ 果泥A（冷凍狀態下切成1cm丁塊）
│ 香草棒
│ 蛋黃
│ 微粒精白砂糖
│ 片狀明膠
│ 果泥B（冷凍狀態下切成1cm丁塊）
└ 酒

義式蛋白霜
┌ 蛋白
│ 精白砂糖
└ 水

乳霜（→P.43）

See each amount on individual recipes

Anglaise sauce with fruit purée
┌ frozen fruit purée A,
│ cut into 1-cm cubes
│ vanilla bean
│ egg yolk
│ caster sugar
│ gelatin sheet, soaked in ice-water
│ frozen fruit purée B,
│ cut into 1-cm cubes
└ liquor

Italian meringue
┌ egg white
│ granulated sugar
└ water

whipped heavy cream, see page 44

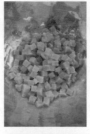

1 安格列斯醬
把安格列斯醬、果泥A放進銅鍋，開火加熱。融化後，取少量拌開香草種籽，倒回鍋裡（→P.24香草的處理），充分拌勻。

2
用鋼盆把蛋黃打散，加入砂糖，用打蛋器磨擦攪拌至泛白狀態，加入些許步驟1，拌勻後倒回鍋裡。

3
用中火加熱步驟2，用打蛋器充分攪拌加熱。使材料被膨脹的氣泡覆蓋。

4
持續加熱至如照片所示的濃稠狀，快速過濾到較大的鋼盆裡（→P.26安格列斯醬步驟4～5）。

5
馬上倒進泡軟的片狀明膠，攪拌融化至沒有結塊殘留。用橡膠刮刀翻拌，確認是否還有結塊。

6
馬上加入結凍狀態的果泥B，拌勻。在具冷卻效果的同時，也能節省冷卻時間。

7
加入酒，把果泥充分攪拌融化，利用果泥和酒加強香氣和酸味。在步驟9把溫度調整成22～23℃。≡1

8 義式蛋白霜
配合步驟7的製作進度，參考P.44果泥慕斯的步驟4～7，把義式蛋白霜和乳霜混合。

9
參考果泥慕斯的步驟8～9，以1/2～1/3的份量，把步驟7的安格列斯醬分次加入，用打蛋器切拌。

10
參考果泥慕斯的步驟10，改用橡膠刮刀，從底部撈起翻拌，同時要把鋼盆邊緣刮乾淨。

≡1　安格列斯醬的最終溫度是關鍵。在從冰水取出時，只要讓溫度落在24℃左右，在步驟9攪拌的時候，溫度就會下降到22～23℃左右。

巧克力慕斯
Chocolate mousse

份量　參考各甜點的製作頁面

炸彈麵糊
[鮮奶油（乳脂肪38%）
  精白砂糖
  蛋黃]

巧克力
＊使用時加熱融化至50℃備用。

乳霜（→P.43）

See each amount on individual recipes

Iced bombe mixture
[fresh heavy cream, 38% butterfat
  granulated sugar
  egg yolk]

chocolate, melt completely only at 50℃

whipped heavy cream, see page 44

1 炸彈麵糊
把炸彈麵糊、鮮奶油放進鍋裡，稍微溫熱後，倒入砂糖，確實拌勻，使砂糖充分融化。≡1

2
把蛋黃放進鋼盆打散，用打蛋器一邊攪拌，一邊倒入步驟1的熱糖漿。過篩。
＊加熱後再過篩，可以過篩得更乾淨。

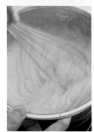

3
隔水加熱，用打蛋器以畫8字的方式持續攪拌，持續加熱，直到產生濃稠感為止。

4
把步驟3放進攪拌盆，用中速攪拌，直到材料呈緞帶狀滴落的狀態為止。把溫度調整至37〜38℃。

5 巧克力
把步驟4的炸彈麵糊全部倒進加熱融化至50℃的巧克力裡面，用打蛋器輕輕畫圓攪拌。

6
呈現大理石狀之後，撈一坨乳霜到步驟5裡面，充分拌勻直到產生光澤為止。

7
把步驟6的一半份量倒回乳霜裡面，充分攪拌，直到色彩呈現均勻。

8
把步驟7的少量進一步倒回步驟6的剩餘材料裡面，充分拌勻。

9
把步驟8倒回步驟7的剩餘材料裡面。≡2

10
用打蛋器切拌，最後用橡膠刮刀攪拌底部和側面，將邊緣刮乾淨（→P.43）。

≡1　之所以利用鮮奶油的糖漿製作炸彈麵糊，是因為希望增添牛奶的濃郁。
≡2　炸彈麵糊和融化的巧克力是溫熱的，乳霜是冷的。融化的巧克力如果急速冷卻，就會凝固，所以便採用讓巧克力慢慢接近乳霜溫度的混合方式。
雖然有點複雜，但只要溫度和混合方式正確，就可以製作出毫不失敗的美麗慕斯。

季節生菓子

用甜點營造季節感——「HIDEMI SUGINO」的展示櫃陳設

為什麼夏天要吃果凍？

在日本，或許是夏天的關係，也可能是受到日式菓子店的影響，幾乎每一家洋菓子店都會製作符合高溫多濕氣候的果凍。本店當然也會製作具有清涼感的清爽果凍。可是，為什麼夏天就要吃果凍呢？我一直抱持著這樣的疑問。

我店內展示櫃陳列的慕斯、奶霜蛋糕、塔派，都是使用唯獨夏天才有的素材。

使用荔枝和桃子的中國之夜（→P.66）、熱帶水果的綜合果泥慕斯，搭配新鮮薄荷和草莓果凍的太陽之擊（→P.78）、哈密瓜和番石榴的卡美濃（→P.84）、百香果奶霜蛋糕堆疊上百香果和芒果果凍的熱帶（→P.126）、塔派系列有甜塔皮填滿檸檬奶油和羅勒醬，再堆疊上義式蛋白霜和小蕃茄的普羅旺斯（→P.158）等種類。另外，焦糖塔派也有在焦糖裡添加了百香果果汁，使口感更加溫和的夏日版本（→P.148）。

燒菓子則有椰子和百香果的磅蛋糕，以及許多表現夏日的季節限量商品。

就算沒有果凍，只要多花點巧思，還是可以製作出在夏季吃得清爽且美味的甜點。

不光是夏季，不管是果凍或是塔派，我都會使用當季的美味水果，以及能夠感受到季節的素材，來製作唯有當季才有的限量商品。這就是「HIDEMI SUGINO」的展示櫃陳設。所以我店裡面的制式甜點相當有限，因為那些色彩豐富的甜點，都會隨著季節而不斷變化。隨著季節變換所製作出的甜點，總會盡可能地採用當季的美味素材和味道。

a

b

c

d

e

f

g

h

i

j

製作內餡

1 把口徑5.5cm的樹脂製馬芬模型放在托盤上面,放置在室溫下。

2 利用黑醋栗慕斯和黑醋栗果凍製作內餡。參考以果泥安格列斯醬為基底的慕斯(→P.45),製作黑醋栗慕斯,用口徑1.3cm的圓形花嘴,把黑醋栗慕斯擠在步驟1的馬芬模型裡面(30個),放進急速冷凍庫凝固。

3 把2種果泥混合在一起(不使用檸檬汁),製作黑醋栗果凍(→P.37),利用填餡器填入步驟2裡面,同樣進行凝固,製作內餡(→P.37)。

4 凝固之後,脫模,排放在托盤上面,放進冷凍庫冷凍備用〔a〕。

準備海綿蛋糕

5 把直徑7cm的圓形圈模排放在托盤上面,放置在室溫下。

6 製作杏仁海綿蛋糕。把麵糊鋪平成烤盤1塊半的份量,進行烘烤(→P.12)。可是,其中的1塊要在烘烤之前,先撒上椰子細粉,製作成椰子海綿蛋糕〔b~c〕。放涼備用。

7 用5.3cm的切模,把杏仁海綿蛋糕壓切成底部用的海綿蛋糕(30片)。椰子海綿蛋糕切除邊緣,切成1.5×22.5cm的帶狀,製作30條備用〔d〕。

8 把撒有椰子細粉的那一面朝向外側,將步驟7的帶狀海綿蛋糕放進步驟5的模型裡面〔e〕。讓蛋糕的邊緣朝向兩側,將兩端連接起來〔f〕。

＊蛋糕入模(Chemiser)時,如果太鬆弛,蛋糕容易脫落,所以裁切的帶狀海綿蛋糕必須略長一些,使裝入的帶狀海綿蛋糕更緊密。

9 用刷子從模型的內側塗抹上酒糖液。

製作芒果慕斯

10 把直徑7cm的樹脂製空心圓模排放在托盤上面,放置在室溫下。

11 把檸檬汁倒進融化的冷凍芒果果泥裡面,參考果泥慕斯(→P.44),進行製作〔g〕。

12 用直徑1.3cm的圓形花嘴,把步驟11的慕斯擠到步驟10的空心圓模裡面至9分滿,用湯匙的背面輕輕壓實,消除縫隙〔h~i〕。

13 分別把步驟9放在步驟12的模型上面。

14 把芒果慕斯擠進步驟13裡面,高度約為蛋糕體的一半高度〔j〕,同樣用湯匙的背部壓實。

15 取出步驟4的內餡，慕斯端朝上，分別放置在步驟14的中央，將內餡壓入〔k〕。

＊內餡在準備執行作業之前，從冷凍庫裡取出。

16 進一步把芒果慕斯擠進模型裡面〔l〕。用湯匙的背面從中央往外側挪移，去除多餘的慕斯，製作出凹陷〔m〕。

17 步驟7的底部用海綿蛋糕浸泡酒糖液之後，烤色面朝下，放置在步驟16的中央，一邊旋轉輕壓，壓擠出下方的空氣〔n～o〕。

18 抓住OPP膜的兩端，拉緊放置在步驟17的上方，緊密貼附〔p〕。從上方擺放上托盤，平均按壓後，放進急速冷凍庫凝固。

19 把步驟18取出，卸除OPP膜。卸除圓形圈模後，分別從樹脂製模型上脫膜，翻面排放在托盤上。放進冷凍庫保存。

最後加工

20 把步驟19取出。逐一顛倒過來，只讓慕斯部分充分浸泡淋醬，拿起後，直接朝上下晃動，甩掉多餘的淋醬，排放在托盤上〔q〕。中央的凹陷不需要浸泡淋醬〔r〕。

＊凹陷處如果有淋醬堆積，口感會太甜，所以如果中央有沾到淋醬，就要加以去除。

21 蛋糕上面的椰子細粉會有部分掉落，所以要再讓蛋糕周圍沾上烤過的椰子細粉，藉此補強椰子細粉〔s〕。

22 把步驟21半解凍，在凹陷處裝飾上芒果和覆盆子。覆盆子擠上紅醋栗果醬，芒果則用刷子抹上剩餘的淋醬，製作出光澤，同時預防乾燥。

香蕉巧克力
Banaccio

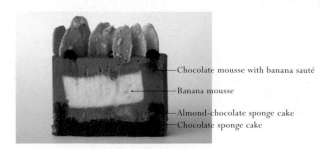

—Chocolate mousse with banana sauté
—Banana mousse
—Almond-chocolate sponge cake
—Chocolate sponge cake

份量　6cm×高度4cm的三角形圈模30個
＊準備直徑4cm×深2cm的樹脂製圓形模型、
　4.7cm的三角形切模。

巧克力海綿蛋糕、杏仁碎粒海綿蛋糕
┌ 巧克力海綿蛋糕B（→P.14）
│　── 60×40cm烤盤1個
│ 杏仁碎粒（1/16切片）── 20g
└ ＊用168℃烘烤15分鐘。

酒糖液　將下列材料混合
┌ 波美30°的糖漿 ── 120g
└ 干邑白蘭地 ── 120g

香蕉慕斯（內餡）
┌ 香蕉果泥（冷凍狀態下切成1cm丁塊）── 135g
│ 檸檬汁 ── 20g
│ ＊預防變色，扮演用酸味提味的角色。
│ 片狀明膠 ── 3g
│ 干邑白蘭地 ── 3g
│ ・義式蛋白霜　以下取45g使用
│ ┌ 蛋白 ── 60g
│ │ 精白砂糖 ── 105g
│ └ 水 ── 25g
└ 乳霜（→P.43）── 90g

巧克力慕斯
┌ ・炸彈麵糊
│ ┌ 鮮奶油（乳脂肪38%）── 70g
│ │ 精白砂糖 ── 60g
│ └ 蛋黃 ── 135g
│ 黑巧克力（可可64%）── 245g
└ 乳霜 ── 495g

配料
煎香蕉（→P.33）── 基本份量

巧克力漿噴霧（→P.104）── 適量

裝飾
┌ 焦糖杏仁片（→P.31）── 基本份量的2/3
└ 巧克力淋醬（→P.42）── 適量

Banana and chocolate mousse cake

Makes thirty triangle cakes
*6-cm×4-cm height triangle cake ring,
4-cm diameter×2-cm depth round silicon mold tray,
4.7-cm triangle pastry cutter

Chocolate sponge cake,
Almond-chocolate sponge cake
┌ 1 sheet chocolate sponge cake B for 60×40-cm
│ baking sheet pan, see page 14
│ 20g diced almonds, 3-4mm size
└ *toast in the oven 168℃ for 15 minutes

For the syrup
┌ 120g baume-30° syrup
└ 120g cognac

Banana mousse
┌ 135g frozen banana purée, cut into 1-cm cubes
│ 20g fresh lemon juice
│ 3g gelatin sheet, soaked in ice-water
│ 3g cognac
│ Italian meringue (use 45g)
│ ┌ 60g egg whites
│ │ 105g granulated sugar
│ └ 25g water
└ 90g whipped heavy cream, see page 44

Chocolate mousse
┌ Iced bombe mixture
│ ┌ 70g heavy cream, 38% butterfat
│ │ 60g granulated sugar
│ └ 135g egg yolks
│ 245g dark chocolate, 64% cacao
└ 495g whipped heavy cream

For the garnish
1 recipe banana sauté, see page 33

chocolate pistol,see page 104

For décor
┌ 2/3 recipe caramelized sliced almonds, see page 31
└ chocolate glaze, see page 42

宛如濃郁的黑巧克力慕斯追逐著香蕉的香氣和酸味似地。

製作香蕉慕斯（內餡）

1 把內餡用直徑4cm的樹脂製圓形模型放在托盤上面，冷藏備用。

2 參考果泥慕斯（→P.44），製作香蕉慕斯，擠進步驟1的模型裡（30個），放進急速冷凍庫凝固。

3 凝固之後，脫模，排放在托盤上面，放進冷凍庫冷凍備用〔a〕。

準備海綿蛋糕

4 把三角形圈模排放在緊密鋪上OPP膜的托盤上面，放置在室溫下備用（→P.43準備模型用托盤）。

5 參考巧克力海綿蛋糕（→P.14），利用B的材料製作麵糊。可是，步驟6鋪在烤盤上的一半麵糊，要先撒上烘烤完成的杏仁碎粒（1/16切片）後再烘烤。出爐後，把海綿蛋糕脫膜，放涼備用。

6 撒上杏仁碎粒的海綿蛋糕裁切成2×16.5cm的帶狀，共製作30條備用。沒有撒上杏仁碎粒的海綿蛋糕則用4.7cm的三角形切膜取30片底部用的海綿蛋糕。

7 把撒有杏仁碎粒的那一面朝向外側，將步驟6的帶狀海綿蛋糕放進三角形圈模裡。讓模型側面的接縫處朝向前方，讓海綿蛋糕的中央落在後方的三角形頂點，用手指從頂點處開始按壓海綿蛋糕，讓海綿蛋糕邊緣對齊〔b〕。

8 用刷子把酒糖液塗抹在步驟7的海綿蛋糕底部〔c〕。

9 步驟6的底部海綿蛋糕分別浸泡酒糖液，以烤色朝上的方式入模，避免底部海綿蛋糕和側面海綿蛋糕之間產生縫隙。讓模型緊密靠攏排放〔d〕。

製作煎香蕉

10 煎香蕉（→P.33）在準備使用之前，先製作起來，放涼備用〔e〕。≡1

製作巧克力慕斯

11 黑巧克力預先在使用時融化調溫成50℃備用。參考巧克力慕斯（→P.46），用炸彈麵糊基底進行製作〔f～h〕。

12 把步驟10的煎香蕉放進鋼盆，倒進少量的步驟11的慕斯，用橡膠刮刀充分拌勻後〔i〕，倒回慕斯的鋼盆拌勻。把香蕉充分拌勻〔j〕。

13 用口徑1.9cm的圓形花嘴,把步驟12的慕斯擠到步驟9的模型裡至8～9分滿〔k〕。花嘴要使用可以讓香蕉通過的大小。

14 把步驟3的內餡取出,分別擺放在步驟13的中央。所有內餡都擺放完成後,把內餡往下壓入〔l〕。
　＊內餡在準備執行作業之前,從冷凍庫裡取出。

15 進一步把巧克力慕斯擠進模型裡面〔m〕。連同托盤一起往下輕敲,消除縫隙,用抹刀均勻抹平〔n〕。進一步用抹刀去除多餘的慕斯〔o〕。覆蓋上蓋子,放進急速冷凍庫凝固。

16 把步驟15取出,用抹刀把模型周圍清除乾淨,用瓦斯槍加熱圈模,進行脫模。排放在托盤上面,放進冷凍庫冷凍。

17 參考阿拉比克的步驟16(→P.106),製作巧克力漿噴霧,把巧克力漿噴霧噴在整體後,以相同的方式,放進冷凍庫保存。

最後加工

18 把步驟17逐一排放在金托盤上面,進行半解凍。每個半成品分別插入20片左右的焦糖杏仁片。再把適溫的巧克力淋醬(→P.42使用時)裝進擠花袋,在各處擠出小圓點。

〓1　香蕉使用厄瓜多產的品種。因為香蕉變軟之後,和慕斯混合時會形成一體,就無法判斷出香蕉的味道。另外,如果太小就感覺不到口感,所以要切成7～8mm的大小。

蒙特利馬
Montelimar

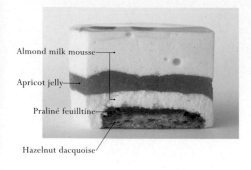

Almond milk mousse

Apricot jelly

Praliné feuilltine

Hazelnut dacquoise

份量　長邊8cm×短邊4cm、高度4cm的
船形圈模30個
＊準備長邊6.5cm×短邊2.5cm的船形切模。

榛果達克瓦茲
- 榛果粉 —— 125g
  - ＊製作之前，把帶皮的整顆榛果磨成略粗的粉末。
  - 低筋麵粉 —— 15g
  - 糖粉 —— 90g
- ・蛋白霜
  - 蛋白 —— 140g
  - 微粒精白砂糖 —— 90g

巧克力果仁脆餅
- 堅果糖 —— 130g
- 黑巧克力（可可56%）—— 40g
- 巴芮脆片 —— 80g

杏仁奶慕斯
- ・杏仁奶安格列斯醬
  - 牛乳 —— 250g
  - 杏仁奶 —— 120g
    - ＊法語是Lait d'amande。用杏仁、水、砂糖製作的市售杏仁糖漿。
  - 蛋黃 —— 70g
  - 微粒精白砂糖 —— 40g
  - 片狀明膠 —— 12g
  - 杏仁香甜酒 —— 75g
    - ▼以下的義式蛋白霜和乳霜，以相同份量製作2次。
- ・義式蛋白霜　以下取75g使用
  - 蛋白 —— 60g
  - 精白砂糖 —— 105g
  - 水 —— 25g
- 乳霜（→P.43）—— 250g

杏桃果凍
- ・甜露酒漬杏桃乾
  - 杏桃乾 —— 250g
  - 杏桃甜露酒A —— 250g
- 波美30°糖漿 —— 120g
- 片狀明膠 —— 10g
- 杏桃甜露酒B —— 10g

淋醬　將以下材料混合
- 鏡面果膠 —— 150g
- 杏仁香甜酒 —— 15g

裝飾
- 杏仁片 —— 1片／1個
  - ＊稍微烘烤備用
- 杏桃乾 —— 約5cm丁塊2塊／1個
- 開心果（切半）—— 1顆／1個
- 小紅莓乾 —— 2粒／1個

Montelimar

Makes thirty boat-shaped cakes
*8-cm length×4-cm width×4-cm height
boat-shaped ring,
6.5-cm length×2.5cm width
boat-shaped pastry cutter

Hazelnut dacquoise
- 125g fresh coarsely ground shelled hazelnuts
  - *grind hazelnuts in food grinder just before using
- 15g all-purpose flour
- 90g confectioners' sugar
- ・Meringue
  - 140g egg whites
  - 90g caster sugar

Praliné feuilletine
- 130g praliné paste
- 40g dark chocolate, 56% cacao
- 80g feuilletine (flaked crispy crepe)

Almond milk mousse
- ・Almond milk anglaise sauce
  - 250g whole milk
  - 120g almond syrup (orgeat)
  - 70g egg yolks
  - 40g caster sugar
  - 12g gelatin sheets, soaked in ice-water
  - 75g amaretto
  - ▼make Italian meringue and whipped cream twice with the same amount.
- ・Italian meringue (use 75g)
  - 60g egg whites
  - 105g granulated sugar
  - 25g water
- 250g whipped heavy cream, see page 44

Apricot jelly
- ・Apricot in liqueur
  - 250g dried apricots
  - 250g apricot liqueur A
  - *mix dried apricots into A before 1 to 2 days
- 120g baume-30° syrup
- 10g gelatin sheets, soaked in ice-water
- 10g apricot liqueur B

For the glaze
- 150g neutral glaze
- 15g amaretto

For décor
- 1 sliced almond for 1 cake, lightly toasted
- two 5-cm cubes dried apricots for 1 cake
- 2 pistachio halves for 1 cake
- 2 dried cranberries for 1cake

香甜的杏仁奶風味中，帶著鮮明的杏桃酸味。
把蒙特利馬爾（法國城市）的牛軋糖製成慕斯風味的創意甜點。

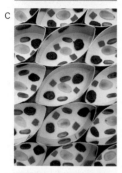

浸漬杏桃果凍的杏桃乾

1 預先把杏桃乾混進杏桃甜露酒A裡面，放進夾鏈袋，擠掉空氣，封起袋口，在室溫下放置1～2天，直到杏桃乾變軟〔a〕。

準備達克瓦茲

2 製作榛果達克瓦茲（→P.22。不過，不添加杏仁粉），在樹脂製烤盤墊上鋪平成25×35cm，用190℃的烤箱烘烤15分鐘。換個烤盤，放涼備用。

製作巧克力果仁脆餅

3 巧克力切碎，加熱融化成40℃備用。巴芮脆片放進塑膠袋，用擀麵棍敲成細碎。

4 把所有材料放進鋼盆拌勻，用抹刀塗抹在步驟2的達克瓦茲上面。冷藏凝固。

5 凝固後，用長邊6.5cm×短邊2.5cm的船形切模壓切出30個，排放在托盤上，冷藏備用〔b〕。

製作杏仁奶慕斯

6 把圈模固定排放在使OPP膜緊密貼附的托盤上（→P.43準備模型用托盤）。

7 在模型底部噴灑酒精後，用鑷子配置上裝飾用的堅果和水果，放置在室溫下備用〔c〕。

＊如果放置在邊緣，稍後加入的慕斯形狀就會產生缺口，所以要放置在圈模邊緣的更內側裡面。

8 把牛乳和杏仁奶放進手鍋加熱。只要達到溫熱程度即可〔d〕。

9 把蛋黃和砂糖放進鋼盆，用打蛋器攪拌至泛白程度，加入步驟8的一半份量拌勻〔e〕，倒回鍋裡。

10 用中火加熱步驟9，一邊用打蛋器拌勻加熱。呈現濃稠狀之後，馬上過濾到鋼盆〔f～g〕。

11 放進明膠攪拌融化〔h〕，鋼盆隔著冰水攪拌冷卻後，加入杏仁香甜酒拌勻。將各一半份量分裝到2個鋼盆裡面。

12 參考果泥慕斯的步驟4～7（→P.44），倒入同步製作的義式蛋白霜和乳霜〔i〕。

13 把步驟11其中一個鋼盆裡面的材料溫度調整成23℃，將一半份量倒進步驟12裡面切拌〔j〕。參考果泥慕斯的步驟9～10，完成慕斯的製作〔k〕。

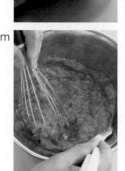

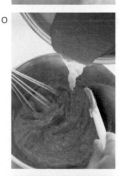

14 用口徑1.3cm的圓形花嘴，把步驟13的慕斯擠到步驟6的圈模裡面，擠入約1/3左右的高度，用湯匙的背面壓實，消除縫隙後，冷藏。

製作杏桃果凍

15 把步驟1的杏桃，連同醃漬的甜露酒一起放進食物調理機，攪拌成照片中的細碎程度〔l〕。全部倒進鋼盆，加入波美30°的糖漿，充分拌勻〔m〕。
＊這種程度的粗細度，可以保留口感，使味道更好。

16 明膠和杏桃甜露酒B一起放進另一個鋼盆，用打蛋器一邊攪拌，一邊隔水加熱，使明膠融化。

17 用橡膠刮刀撈2～3坨步驟15到步驟16的明膠裡面，拌勻後，倒回步驟15的鋼盆裡面，進一步拌勻〔n～o〕。

18 用口徑8mm的花嘴，把步驟17的果凍平均擠在步驟14的慕斯上面〔p〕。用湯匙的背面壓實，消除縫隙，同時使表面均勻。沾在邊緣或模型內側的髒汙，就用廚房紙巾擦拭乾淨，然後冷藏備用。

19 參考步驟12～13，再次製作義式蛋白霜和乳霜，將兩者混合，把步驟11調整成23℃的剩餘材料倒入，製作成第二次的杏仁奶慕斯〔q〕。≣1

20 把步驟18取出，把步驟19的慕斯擠進圈模至9分滿。用湯匙的背面壓實，消除縫隙後，讓中央稍微呈現凹陷〔r〕。

21 步驟5的達克瓦茲讓巧克力果仁脆餅端朝下，分別放置在步驟20上面，向下輕壓〔s〕。把OPP膜鋪在表面，用托盤把達克瓦茲往下按壓（→P.43冷凍之前），放進急速冷凍庫凝固。

22 凝固之後取出，用托盤夾住翻面，拿掉表面的OPP膜。用抹刀修整模型的邊緣，排放在托盤上，放進冷凍庫。

最後加工

23 取出步驟22，用抹刀把淋醬塗抹在上方。用瓦斯槍加熱圈模，進行脫模。把需要份量解凍。

≣1　如果分兩次把同時間製作的慕斯擠到模型裡，義式蛋白霜和乳霜的氣泡就會因為時間消耗而消破，所以要分2次下料。

里維埃拉
Riviera

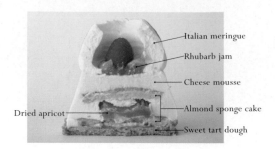

Italian meringue
Rhubarb jam
Cheese mousse
Almond sponge cake
Dried apricot
Sweet tart dough

份量　口徑6.5cm×深度3.5cm的布丁模型30個
＊準備直徑6.5cm、4cm、4.7cm的切模。

杏仁海綿蛋糕（→P.12）
　　── 60×40cm烤盤1個

法式甜塔皮（→P.15）── 800g
＊把厚度擀壓成2mm的法式甜塔皮解凍。
糖粉 ── 適量

乳酪慕斯
　馬斯卡彭起司 ── 105g
　白乳酪 ── 315g
　・炸彈麵糊
　　蛋黃 ── 80g
　　精白砂糖 ── 120g
　　水 ── 30g
　片狀明膠 ── 12g
　櫻桃酒 ── 20g
　檸檬汁（常溫）── 40g
　乳霜（→P.43）── 455g

酒糖液
檸檬酒 ── 200g

配料
　杏桃乾 ── 30粒
　檸檬酒 ── 杏桃重量的2成

裝飾
　香緹鮮奶油 ── 5g／1個
　＊加入8％的微粒精白砂糖後，把鮮奶油
　　（乳脂肪42％）打發。
　打發少量，作為黏著用的份量。

　脆皮杏仁（→P.30）── 適量
　・義式蛋白霜　15個的份量
　　蛋白 ── 60g
　　精白砂糖 ── 105g
　　水 ── 25g
　覆盆子 ── 1粒／1個
　糖漬大黃根（→P.36）── 5g／1個
　＊分別將適量裝填至擠花袋備用。

Riviera

Makes thirty cakes
*6.5-cm diameter×3.5-cm depth custard baking mold,
6.5-cm, 4-cm and 4.7-cm diameter round pastry cutter

1 sheet almond sponge cake for
60×40-cm baking sheet pan, see page 12

800g sweet tart dough, see page 15
confectioners' sugar for work surface

Cheese mousse
　105g mascarpone
　315g fresh cheese (fromage blanc)
　・Iced bombe mixture
　　80g egg yolks
　　120g granulated sugar
　　30g water
　12g gelatin sheets, soaked in ice-water
　20g kirsch
　40g fresh lemon juice, at room temperature
　455g whipped heavy cream, see page 44

For the syrup
200g lemoncello

For the garnish
　30 dried apricots
　lemoncello
　*20% for the total weight of apricots

For décor
　5g Chantilly cream for 1 cake
　*caster sugar 8% of the heavy cream, 42% butterfat.
　Whip together heavy cream and sugar over
　ice-water bath until desired peaks form.
　plus more for the glue
　praline bits, see page 30
　・Italian meringue (for fifteen cakes)
　　60g egg whites
　　105g granulated sugar
　　25g water
　1 raspberry for 1cake
　5g rhubarb compote for 1 cake, see page 36

杏桃和大黃根的不同酸味，讓起司的口感更加輕盈，
蛋白霜的甜味在嘴裡擴散，香酥的甜塔皮刻劃出美味的節奏。

準備配料

1 把杏桃乾和杏桃乾2成重量的檸檬酒放進夾鏈袋，排出空氣，在室溫下浸漬一星期。

準備杏仁海綿蛋糕

2 依照基本作法製作杏仁海綿蛋糕，出爐後放涼，用直徑4cm和4.7cm的切模，分別壓切出30片，排放在托盤上備用。

製作乳酪慕斯

3 把布丁模型排放在托盤。預先打散炸彈麵糊用的蛋黃後，過濾到攪拌盆裡面，再冷藏備用。

4 馬斯卡彭起司放進鋼盆，用橡膠刮刀攪拌軟化〔a〕，分次加入白乳酪，充分攪拌成奶油狀〔b〕。≡1
＊使用攪拌機會造成分離，所以要在製作慕斯之前，用橡膠刮刀拌勻。

5 製作炸彈麵糊。用攪拌機的中高速，把步驟3的蛋黃打發至泛白程度。攪拌機改成高速，從攪拌盆邊緣，把砂糖和水加熱至120℃的糖漿倒入〔c〕。糖漿全部倒完之後，速度調降成中速，持續攪拌直到溫度呈現37～38℃〔d〕。倒進鋼盆。

6 把片狀明膠和櫻桃酒倒進鋼盆，隔水加熱，使明膠融化。加入少量步驟4的起司，用打蛋器充分拌勻，接著一邊攪拌，一邊以絲狀倒回步驟4〔e～f〕。

7 把步驟5倒進步驟6，一邊用打蛋器切拌〔g〕。最後再加入檸檬汁拌勻〔h〕。

8 把步驟7分3次倒進乳霜的鋼盆裡，用打蛋器切拌〔i〕，最後用橡膠刮刀把盆底和邊緣刮乾淨〔j〕。

≡1 白乳酪添加馬斯卡彭起司是為了增添濃郁。

9 用口徑1.3cm的圓形花嘴，把慕斯擠進步驟3的模型裡面，高度約至模型的1/3。

10 把步驟2用直徑4cm的切模壓切好的海綿蛋糕，浸泡一下酒糖液用的檸檬酒，烤色朝下，放置在步驟9上方，放置時一邊用手指稍微轉動一下海綿蛋糕，稍微按壓，避免空氣進入其中〔k～l〕。

11 把慕斯擠在海綿蛋糕按壓出的凹陷，放上一個步驟1瀝乾水分的杏桃，輕輕按壓〔m〕。進一步擠入慕斯至9分滿，連同模型一起往下輕敲，使表面均勻。

12 抹刀從模型中央往外側撥動，讓表面稍微呈現凹陷〔n〕，利用與步驟10相同的要領，步驟2壓切成4.7cm的海綿蛋糕浸泡一下酒糖液，放在上方。把OPP膜放在上方，用托盤按壓（→冷凍之前），放進急速冷凍庫凝固。

13 把步驟12的OPP膜拿掉，把周圍多餘的慕斯去除乾淨。佩蒂小刀傾斜插入後，把模型放進冷水，約浸泡至8分滿後，一邊旋轉小刀，脫膜。倒扣，排列在托盤上，冷藏備用。

最後加工

14 法式甜塔皮用直徑6.5cm的切模壓切出30片，用168℃的烤箱烘烤13分鐘〔o〕。放涼備用。

15 步驟14撒上大量的糖粉後，用瓦斯槍烘烤焦糖化〔p〕。再次翻面烘烤焦糖化後，冷藏冷卻。

16 用抹刀把香緹鮮奶油塗抹在步驟15的甜塔皮中央，當成黏著劑，再放上步驟13的慕斯，讓彼此相黏〔q〕。

17 用手指抓著甜塔皮的部分，用抹刀把香緹鮮奶油塗抹在慕斯上面〔r〕。接著，只把脆皮杏仁沾在下緣部分（如果不馬上沾的話，就無法黏著）。

18 製作義式蛋白霜（P.44果泥慕斯的步驟4），打發至比人體肌膚略低的溫度後，馬上用口徑3.9cm×高度4cm的中空大菊花嘴，在頂端擠出藤壺般的形狀〔s〕。用瓦斯槍只把義式蛋白霜的部分烤焦。

19 把5g的糖漬大黃根擠進凹洞裡〔t〕，再用鑷子放進1顆覆盆子。

準備達克瓦茲

1 製作椰子達克瓦茲，用口徑1.3cm的圓形花嘴，在樹脂製烤盤墊上擠出直徑5cm，烘烤出爐後，放涼備用（→P.23）。熱度消退後，用直徑4.7cm的切模壓切出30個。

製作2種慕斯

2 把圓形圈模排放在OPP膜緊密貼覆的托盤上（→P.43準備模型用托盤），冷藏備用。

3 以幾乎同步的方式製作荔枝慕斯和玫瑰杏桃慕斯。參考果泥慕斯的步驟1～3（→P.44），分別將2種冷凍果泥解凍，加入檸檬汁（為防止變色，玫瑰杏桃要在解凍前先淋上檸檬汁，再進行融化），和融化的明膠混合〔a～b〕。

4 步驟3和義式蛋白霜、鮮奶油混合之前，先隔著冰水拌勻，分別把溫度調整成偏低的13℃〔c〕。

5 義式蛋白霜要和2種慕斯混合在一起。參考果泥慕斯的步驟4～7，製作義式蛋白霜，把其中的145g和荔枝慕斯用的乳霜混在一起〔d〕，先完成荔枝慕斯。

6 步驟4的荔枝果泥，把1/3的份量逐一倒進步驟5裡面，用打蛋器切拌〔e〕。參考果泥慕斯的步驟9～10製作〔f〕。

7 荔枝慕斯完成時，用相同的要領，開始進行玫瑰杏桃慕斯的下料。把85g的義式蛋白霜和指定份量的乳霜混合，把步驟4製作的果泥基底冷卻至13℃，分成2次加入拌勻〔g〕。

8 用口徑1.3cm的圓形花嘴，把荔枝慕斯擠進步驟2預先冷卻好的模型裡面至6分滿〔h〕。

9 混入最後的果泥基底，完成玫瑰杏桃慕斯〔i〕，用相同大小的圓形花嘴擠進步驟8的模型裡面。把擠花袋往內推，直到花嘴碰觸到底部為止，一邊擠出，一邊緩慢地往上拉〔j～k〕。≡1

≡1 這道甜點採用把其他慕斯擠進慕斯裡面的獨創下料手法。慕斯很軟，容易混合在一起，所以果泥和明膠混合的基底，要採用比平常（20℃）更低的溫度，冷卻至13℃，稍微綿密的程度。
室溫會影響慕斯的完成狀態，所以一定要確實維持溫度。

k

l

m

10 用湯匙的背面把步驟9的表面抹平，挖出凹陷，放上2～3粒冷凍的森林草莓，往下按壓〔l～m〕。

11 步驟1的底部用達克瓦茲，讓平坦面朝上，放在上方往下壓。把OPP膜和托盤放在上方，往下壓平（→P.43冷凍之前），放進急速冷凍庫凝固。

12 取出步驟11，用托盤夾住，翻面，卸除OPP膜。修整模型的周圍，排放在托盤上。用抹刀把淋醬塗抹在上方，放進冷凍庫凝固。用瓦斯槍加熱圓形圈模，脫模。冷凍保存。

最後加工

13 把步驟12半解凍。用裝飾用的水果妝點在四周。

＊通常是放在小蛋糕用的金托盤上，再進行裝飾。

棗紅
Claret

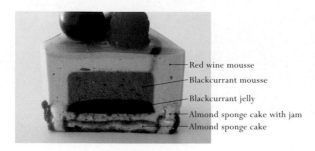

Red wine mousse
Blackcurrant mousse
Blackcurrant jelly
Almond sponge cake with jam
Almond sponge cake

份量　長邊6cm×高度4cm的六角形圈模30個
＊準備直徑4cm×深度2cm的樹脂製圓形模、
　直徑4.7cm的切模。

杏仁海綿蛋糕和
果醬海綿蛋糕
- 杏仁海綿蛋糕（→P.12）
　—— 60×40cm烤盤1個
- 黑醋栗果醬（→P.37果醬）—— 約100g
- 帶籽覆盆子（→P.37果醬）—— 約100g

酒糖液　使用前混合過濾
- 黑醋栗果泥（切成1cm丁塊後，解凍）—— 55g
- 波美30°糖漿 —— 15g
- 紅酒 —— 30g
- 水 —— 15g

黑醋栗慕斯（內餡）　直徑4cm 48個
- ・黑醋栗安格列斯醬
  - 黑醋栗果泥A
  - （冷凍狀態下切成1cm丁塊）—— 80g
  - 香草棒 —— 1/10根
  - 蛋黃 —— 45g
  - 微粒精白砂糖 —— 20g
  - 片狀明膠 —— 4g
  - 黑醋栗果泥B
  - （冷凍狀態下切成1cm丁塊）—— 45g
  - 黑醋栗香甜酒 —— 30g
- ・義式蛋白霜　以下取55g使用
  - 蛋白 —— 60g
  - 精白砂糖 —— 125g
  - 水 —— 25g
- 乳霜（→P.43）—— 135g

黑醋栗果凍（內餡）　直徑4cm 48個
- 片狀明膠 —— 6g
- 黑醋栗香甜酒 —— 8g
- 黑醋栗果泥（冷凍狀態下切成1cm丁塊）—— 240g
- 檸檬汁 —— 10g
- 微粒精白砂糖 —— 35g

紅酒慕斯
- 紅酒 —— 260g
- 檸檬汁 —— 80g
- 微粒精白砂糖 —— 145g
- 蛋黃 —— 125g
- 片狀明膠 —— 16g
- ・義式蛋白霜
  - 蛋白 —— 65g
  - 精白砂糖 —— 95g
  - 水 —— 25g
- 乳霜 —— 450g

描繪文字用黑醋栗果醬　將以下材料混合
- 黑醋栗果醬 —— 50g
- 黑醋栗香甜酒 —— 3.5g

淋醬　將以下材料混合
- 鏡面果膠 —— 200g
- 紅醋栗果泥（切成1cm丁塊後，解凍）
　—— 過濾後，20g

裝飾
- 巨峰葡萄 —— 1粒／1個
- 覆盆子 —— 1粒／1個
- 藍莓 —— 1粒／1個

Claret (Bordeaux red wine)

Makes thirty hexagon cakes
*6-cm length×4-cm height hexagon cake ring,
4-cm diameter×2-cm depth tartlet silicon mold tray,
4.7-cm diameter round pastry cutter

Almond sponge cake and almond sponge cake with jam
- 1 sheet almond sponge cake for 60×40-cm
  baking sheet pan, see page 12
- about 100g blackcurrant jam, see page 37
- about 100g raspberry jam, see page 37

For the syrup
- 55g frozen blackcurrant purée,
  cut into 1-cm cubes, and defrost
- 15g baume-30° syrup
- 30g red wine
- 15g water

Blackcurrant mousse
for 4-cm diameter silicon tartlet tray-48wells
- ・Blackcurrant anglaise sauce
  - 80g frozen blackcurrant purée A,
    cut into 1-cm cubes
  - 1/10 vanilla bean
  - 45g egg yolks
  - 20g caster sugar
  - 4g gelatin sheets, soaked in ice-water
  - 45g frozen blackcurrant purée B,
    cut into 1-cm cubes
  - 30g crème de cassis (blackcurrant liqueur)
- ・Italian meringue (use 55g)
  - 60g egg whites
  - 125g granulated sugar
  - 25g water
- 135g whipped heavy cream, see page 44

Blackcurrant jelly
for 4-cm diameter silicon tartlet tray-48 wells
- 6g gelatin sheets, soaked in ice-water
- 8g crème de cassis (blackcurrant liqueur)
- 240g frozen blackcurrant purée,
  cut into 1-cm cubes
- 10g fresh lemon juice
- 35g caster sugar

Red wine mousse
- 260g red wine
- 80g fresh lemon juice
- 145g caster sugar
- 125g egg yolks
- 16g gelatin sheets, soaked in ice-water
- ・Italian meringue
  - 65g egg whites
  - 95g granulated sugar
  - 25g water
- 450g whipped heavy cream

Blackcurrant jam for decorating piping
- 50g blackcurrant jam
- 3.5g crème de cassis (blackcurrant liqueur)

For the glaze
- 200g neutral glaze
- 20g frozen redcurrant, cut into 1cm cubes,
  defrost and strain

For décor
- 1 grape of Kyoho (Japanese grape) for 1 cake
- 1 raspberry and 1 blueberry for 1 cake

利用黑醋栗果凍，使芳醇的紅酒香氣和味道輪廓更加鮮明，
以波爾多紅酒為形象的慕斯。果醬海綿蛋糕增添甜度的強弱。

a

b

c

d

e

f

g

h

i

j

製作內餡

1 把直徑4cm的樹脂製圓形模放在托盤上面，放置在室溫下備用。

2 利用黑醋栗慕斯和果凍製作內餡。參考以果泥安格列斯醬為基底的慕斯（→P.45），製作黑醋栗慕斯。

3 用口徑1.3cm的圓形花嘴，把步驟2的慕斯擠進步驟1的樹脂製模型裡面至7分滿。擠出48個，放進急速冷凍庫凝固。

4 製作黑醋栗果凍（→P.37），用填餡器填進步驟3裡面，同樣放進急速冷凍庫凝固，製作成內餡（→P.37）。

5 凝固後，脫模〔a〕，排放在托盤，放進冷凍庫備用。使用其中的30個。

準備海綿蛋糕和模型

6 製作杏仁海綿蛋糕（→P.12）。可是，烤盤上的另一半麵糊，要先擠上果醬，再進行烘烤（→P.13果醬海綿蛋糕）。黑醋栗的果醬用口徑5mm的圓形花嘴，帶籽覆盆子用口徑4mm的圓形花嘴，以1.5cm的間隔，交替擠出斜線。出爐後放涼備用。

7 把果醬海綿蛋糕裁切成2×18.5cm後，取30片備用〔b〕。杏仁海綿蛋糕用直徑4.7cm的切模，壓切出30片底部用海綿蛋糕。

8 把六角形圈模固定排放在使OPP膜緊密貼附的托盤上面（→P.43準備模型用托盤）。

9 在步驟7的果醬海綿蛋糕撒上大量的糖粉（份量外），把果醬那一面朝向外側，放進步驟8的模型裡面〔c〕。入模的重點可參考芒果醋栗的步驟8（→P.52）。模型內側沾到的糖粉，用廚房紙巾加以清除。

＊之所以撒上大量糖粉，是因為果醬容易沾黏在模型上面。

10 步驟7的底部海綿蛋糕浸泡一下酒糖液，烤色面朝上，鋪在步驟9的模型底部〔d〕。放置在室溫下。

製作紅酒慕斯

11 把紅酒、檸檬汁和砂糖放進手鍋加熱〔e〕。

12 把蛋黃放進鋼盆裡打散，倒進步驟11，拌勻後，倒回鍋裡〔f～g〕。

13 用中火加熱步驟12，用打蛋器一邊攪拌加熱，產生濃稠度之後，快速過濾到鋼盆〔h～j〕。呈現即使用橡膠刮刀撈起，沿著中央往旁邊傾斜，仍不會滴落的狀態。

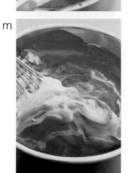

14 放進明膠攪拌融化，隔著冰水拌勻，同時冷卻至23℃〔k～l〕。

15 參考果泥慕斯的步驟4～7（→P.44），把義式蛋白霜和乳霜混合。分3次加入溫度為23℃的步驟14，參考果泥慕斯的步驟9～10，完成慕斯〔m～n〕。

16 用口徑1.3cm的圓形花嘴，把步驟15的慕斯擠進步驟10的模型裡至8分滿。

17 取出步驟5的內餡，把果凍面朝下，放在步驟16的模型中央，往下壓入，再進一步擠入慕斯〔o～p〕。

18 用抹刀把表面抹平，用抹刀把超出範圍的慕斯去除乾淨〔q〕，蓋上蓋子，放進急速冷凍庫凝固。

19 取出步驟18，用口徑2.5mm的圓形花嘴，把描繪文字用的黑醋栗果醬擠成「C」字形〔r〕。放進冷凍庫，讓果醬確實凝固。

20 取出步驟19，淋上淋醬，用抹刀均勻抹平，放進冷凍庫凝固。取出後，修整模型的周圍，進一步放進冷凍庫確實凝固。

21 取出步驟20，用瓦斯槍逐一加熱圓形圈模，脫模後，排放在托盤上，放進冷凍庫保存。

最後加工

22 把步驟21半解凍，用水果裝飾。

幾何
Geometry

Mint mousse

Grapefruit mousse with grapefruit pulpe

Chocolate sponge cake

份量　直徑5.5×高度4cm的圓形圈模30個
＊準備40×30cm的方形模、直徑4.7cm的切模。

巧克力海綿蛋糕A（→P.14）
──60×40cm烤盤1個

酒糖液　將以下材料混合
┌ 波美30°糖漿 ── 50g
│ 葡萄柚甜露酒 ── 35g
└ 水 ── 30g

薄荷慕斯　30×40cm方形模1個
┌ 薄荷葉 ── 10g
│ 牛乳 ── 135g
│ 蛋黃 ── 155g
│ 精白砂糖 ── 35g
│ 片狀明膠 ── 10g
│ Get 27（薄荷酒）── 130g
└ 乳霜（→P.43）── 465g

葡萄柚慕斯
┌ 葡萄柚（紅肉）果肉 ── 120g
│ 葡萄柚（紅肉）果汁 ── 820g
│ 微粒精白砂糖 ── 15g
│ 檸檬汁 ── 40g
│ 片狀明膠 ── 24g
│ 葡萄柚甜露酒 ── 45g
│ ・義式蛋白霜
│ ┌ 蛋白 ── 75g
│ │ 精白砂糖 ── 115g
│ └ 水 ── 30g
└ 乳霜 ── 305g

淋醬　將以下材料混合
┌ 鏡面果膠 ── 140g
└ 葡萄柚甜露酒 ── 14g

裝飾
脆皮覆盆子（→P.30）── 適量

Geometry

Makes thirty round cakes
*5.5-cm diameter×4-cm height round cake ring,
40×30-cm square cake ring, 4.7-cm diameter round pastry cutter

1 sheet chocolate sponge cake A for 60×40-cm
baking sheet pan, see page 14

For the syrup
┌ 50g baume-30° syrup
│ 35g grapefruit liqueur
└ 30g water

Mint mousse for 40×30-cm square cake ring
┌ 10g fresh mint leaves
│ 135g whole milk
│ 155g egg yolks
│ 35g granulated sugar
│ 10g gelatin sheets, soaked in ice-water
│ 130g Get27 (mint liqueur)
└ 465g whipped heavy cream, see page 44

Grapefruit mousse
┌ 120g fresh ruby red grapefruit pulp
│ 820g squeezed ruby red grapefruit juice
│ 15g caster sugar
│ 40g fresh lemon juice
│ 24g gelatin sheets, soaked in ice-water
│ 45g grapefruit liqueur
│ · Italian meringue
│ ┌ 75g egg whites
│ │ 115g granulated sugar
│ └ 30g water
└ 305g whipped heavy cream

For the glaze
┌ 140g neutral glaze
└ 14g grapefruit liqueur

For décor
raspberry praline bits, see page 30

葡萄柚水嫩多汁的果肉和中央的薄荷清涼口感，在口中交疊的清爽慕斯。

製作薄荷慕斯

1 把40×30cm的方形模放在OPP膜緊密貼覆的托盤上，放置在室溫下（→P.43準備模型用托盤）。

2 把薄荷葉放進研磨攪拌機，加入約一半份量的牛乳，攪拌至薄荷葉變得細碎為止〔a～b〕。和剩下的牛乳混合，放進手鍋裡加熱。

3 蛋黃放進鋼盆裡打散，加入砂糖，用打蛋器充分磨擦攪拌至泛白程度，倒入步驟2，充分拌勻後，倒回鍋裡。

4 用中火加熱步驟3，用打蛋器以畫8字的方式充分攪拌加熱，直到有攪拌痕跡殘留為止〔c〕。產生濃稠度後，快速過濾到鋼盆〔d〕。

5 趁溫熱的時候倒入明膠，確實拌勻，確認明膠有確實融化。隔著冰水攪拌冷卻，溫度降至人體肌膚程度後，加入薄荷酒拌勻〔e〕，進一步攪拌，使溫度落在22～23℃。

6 把步驟5分2次倒進裝有乳霜的鋼盆裡，拌勻〔f～g〕。把完成的慕斯倒進步驟1的方形模，用橡膠刮刀鋪平〔h〕。連同托盤一起往下輕敲，使慕斯均勻分布〔i〕。放進急速冷凍庫凝固。

7 凝固後，裁切成2.5cm的正方形，排放在托盤上面，放進冷凍庫備用。

準備蛋糕

8 用A的材料烘烤巧克力海綿蛋糕，出爐後放涼（→P.14）。用直徑4.7的切模壓切出30個備用。

製作葡萄柚慕斯

9 把直徑5.5cm的圓形圈模排放在OPP膜緊密貼覆的托盤上，冷藏備用（→P.43準備模型用托盤）。

10 葡萄柚取出果肉，在避免壓碎的情況下，用手剝成一顆顆備用〔j〕。放在濾網上，瀝掉多餘汁液，取120g備用。

11 把榨好的葡萄柚汁倒進鋼盆，加入砂糖和檸檬汁拌勻〔k〕。

12 把明膠和葡萄柚甜露酒放進另一個鋼盆，隔水加熱，一邊攪拌，使明膠融化〔l〕。

13 參考果泥慕斯的步驟3（→P.44），把明膠和步驟11的果汁混合在一起。一邊攪拌，把步驟11的些許份量混進步驟12裡面〔m〕，一邊以絲狀倒回步驟11。隔著冰水，一邊攪拌，使整體呈現濃稠狀，同時讓溫度落在11～13℃。

14 完成葡萄柚慕斯。參考果泥慕斯的步驟4～10，把義式蛋白霜和乳霜混合在一起，分3次倒進步驟13，拌勻〔n〕。

15 把步驟14的些許慕斯倒進步驟10的葡萄柚果肉裡面〔o〕，用橡膠刮刀充分拌勻後，倒回慕斯裡面，以切拌方式充分拌勻。

16 在慕斯即將完成之前，取出步驟7的薄荷慕斯。在步驟9的模型噴灑酒精後，把薄荷慕斯放置在中央。確認慕斯不會挪動後，把預先冷凍備用的烤盤，鋪在托盤的下方。≣1

17 用口徑1.3cm的圓形花嘴，把步驟15的慕斯擠到步驟16的模型裡面至9分滿〔p〕。用湯匙的背面，從中央往外側抹平，消除縫隙，製作出凹陷〔q〕。

18 步驟8的海綿蛋糕浸泡一下酒糖液，烤色朝下，放在步驟18的上方，一邊旋轉下壓〔r〕。

19 放上OPP膜和托盤，往下壓（→P.43冷凍之前）。放進急速冷凍庫凝固。

20 取出步驟19，用托盤夾住，翻面，拿掉OPP膜。修整模型周圍，排放在托盤上，放進冷凍庫備用。

最後加工

21 取出步驟20，用抹刀把淋醬塗在上方。放進冷凍庫，使淋醬確實凝固。

22 取出步驟21，用瓦斯槍加熱圓形圈模，脫模。排放在托盤上，放進冷凍庫保存。

23 把步驟23半解凍備用。用手抓著慕斯底部，把脆皮覆盆子裝飾在邊緣。

≣1　薄荷慕斯容易融化，所以要到使用之前再放進模型裡，確定不會挪動後，在下方鋪上預先冷凍的烤盤，並且快速作業。

太陽之擊
Coupe de Soleil

Strawberry mint jelly

Caribbean cocktail mousse

Chocolate sponge cake

份量　6cm×高度4cm的三角圈模30個
＊準備40×30cm的方形模、直徑3.5cm的
　圓形切模和4.7cm的三角形切模。

巧克力海綿蛋糕A（→P.14）── 60×40cm烤盤1個

酒糖液　將以下材料混合
┌ 波美30°糖漿 ── 65g
│ 櫻桃酒 ── 45g
└ 水 ── 35g

草莓薄荷果凍
┌ 片狀明膠 ── 21g
│ 櫻桃酒 ── 30g
│ 草莓果泥（品種：Senga Sengana，無糖。
│ 　冷凍狀態下切成1cm丁塊）── 730g
│ 薄荷葉 ── 6g
│ 檸檬汁 ── 105g
└ 微粒精白砂糖 ── 110g

加勒比海雞尾酒慕斯
┌ 加勒比海雞尾酒果泥
│ 　（冷凍狀態下切成1cm丁塊）── 500g
│ ＊以鳳梨可樂達為基底，添加了鳳梨、椰子、
│ 萊姆、萊姆酒的綜合果泥。
│ 椰子果泥（冷凍狀態下切成1cm丁塊）── 500g
│ 檸檬汁 ── 50g
│ 片狀明膠 ── 27g
│ 櫻桃酒 ── 110g
│ ・義式蛋白霜
│ 　┌ 蛋白 ── 75g
│ 　│ 精白砂糖 ── 130g
│ 　└ 水 ── 30g
└ 乳霜（→P.43）── 340g

淋醬　將以下材料混合
┌ 鏡面果膠 ── 140g
└ 椰子果泥（冷凍狀態下切成1cm丁塊）── 10g

裝飾
鳳梨 ── 適量

Coupe de Soleil

Makes thirty triangle cakes
*6-cm×4-cm height triangle cake ring,
40×30-cm square cake ring,
3.5-cm diameter round and 4.7-cm triangle pastry cutter

1 sheet chocolate sponge cake A for 60×40-cm
baking sheet pan, see page 14

For the syrup
┌ 65g baume-30° syrup
│ 45g kirsch
└ 35g water

Strawberry mint jelly
┌ 21g gelatin sheets, soaked in ice-water
│ 30g kirsch
│ 730g frozen strawberry 100% "Senga Sengana" purée,
│ cut into 1-cm cubes
│ 6g fresh mint leaves
│ 105g fresh lemon juice
└ 110g caster sugar

Caribbean cocktail mousse
┌ 500g frozen "Caribbean cocktail" purée, cut into 1-cm cubes
│ 500g frozen coconut purée, cut into 1-cm cubes
│ 50g fresh lemon juice
│ 27g gelatin sheets, soaked in ice-water
│ 110g kirsch
│ · Italian meringue
│ 　┌ 75g egg whites
│ 　│ 130g granulated sugar
│ 　└ 30g water
└ 340g whipped heavy cream, see page 44

For the glaze
┌ 140g neutral glaze
└ 10g frozen coconut purée, cut into 1-cm cubes, and defrost

For décor
pineapple

就如同「太陽之擊」的名稱，利用鳳梨的裝飾來表現出太陽的光芒。
用熱帶風味的椰子慕斯，包裹讓薄荷氣味更加鮮明的草莓果凍。

a

b

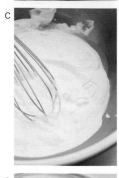
c

d

e

f

g

h

製作草莓和薄荷果凍

1 把40×30cm的方形模放在OPP膜緊密貼覆的托盤上，冷藏備用（→P.43準備模型用托盤）。

2 製作果凍（→P.37）。製作時，把部分融化的草莓果泥和薄荷葉混合在一起，用研磨攪拌機攪拌成細碎，再放回果泥裡面。

3 把步驟2倒進步驟1的方形模，用橡膠刮刀鋪平，連同托盤一起往下輕敲，排出果凍裡面的空氣，使整體分布均勻。放進急速冷凍庫凝固。

4 凝固後，取出步驟3。用直徑3.5cm的切模，壓切出30個，排放在托盤上，放進冷凍庫備用。

準備蛋糕

5 用A的材料烘烤巧克力海綿蛋糕，出爐後放涼（→P.14）。用直徑4.7cm的三角形切模，壓切出30個備用。

製作加勒比海雞尾酒慕斯

6 把三角形圈模排放在OPP膜緊密貼覆的托盤上，冷藏備用（P.43準備模型用托盤）。

7 以下，參考果泥慕斯（→P.44）製作。冷凍的加勒比海雞尾酒果泥和椰子果泥分別融化後混合〔a〕，加入檸檬汁拌勻。

8 把明膠放進鋼盆，加入櫻桃酒，隔水加熱融化，加入少許步驟7的果泥，拌勻後〔b〕，倒回果泥。隔著冰水，一邊攪拌，調溫至18℃〔c〕。

9 參考果泥慕斯的步驟4～10（→P.44），把義式蛋白霜和乳霜混合在一起，分3次加入步驟8冷卻至18℃的果泥，拌勻〔d～e〕。

10 慕斯完成之前，取出步驟4的草莓薄荷果凍，放在噴過酒精的步驟6的模型中央〔f〕。確定果凍不會挪動後，把預先冷凍的烤盤鋪在托盤下方。≡1

11 用口徑1.3cm的圓形花嘴，把步驟9的慕斯擠到步驟10的模型裡面至9分滿〔g〕。用湯匙的背面，從中央往外側抹平，消除縫隙，製作出凹陷〔h〕。

≡1 草莓薄荷慕斯容易融化，所以要等到使用之前再放進模型裡，確定不會挪動後，在下方舖上預先冷凍的烤盤，並且快速作業。

 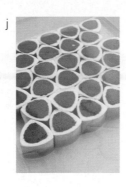

i　　　　　j

12 步驟5的海綿蛋糕浸泡一下酒糖液〔i〕，烤色朝下，放
　　在步驟11的上方，往下壓。

13 放上OPP膜和托盤，往下壓（→P.43冷凍之前）。放進急
　　速冷凍庫凝固〔j〕。

14 取出步驟13，用托盤夾住，翻面，拿掉OPP膜。修整模
　　型周圍，排放在托盤上，放進冷凍庫。

15 取出步驟14，用抹刀把淋醬塗在上方。放進冷凍庫，使
　　淋醬確實凝固。凝固後，用瓦斯槍加熱圈模，脫模。排
　　放在托盤上，放進冷凍庫保存。

最後加工

16 把步驟15半解凍備用。鳳梨切成符合慕斯高度的細長三
　　角形。

17 把步驟16的鳳梨，貼附在半解凍的慕斯上面，每一面各
　　貼3片。一個共使用9片鳳梨。

試著使用平常不太搭的素材——靈感的來源

　　1999年，巴黎的餐廳裡，有一場和吉野建先生合作的博覽會，我負責擔任設計。那個時候，我考慮以「亞洲水果」作為主題。雖然我也曾考慮使用日本水果。可是，柿子、梨子似乎很難製作成甜點。所以那個時候，我就從荔枝果泥開始嘗試。於是，我把桃子慕斯混進荔枝慕斯裡面，構思出名為中國之夜（→P.66）的甜點。荔枝、桃子的原產地都是中國。甜點的名稱「Nuit de Chine」，就是中國之夜的意思。

　　在法國的時候，通常慕斯裡面都會使用大量的鮮奶油，不過，為了味道的營造，我則盡可能抑制了鮮奶油的用量，讓細膩的桃子香氣更加鮮明。我在桃子慕斯裡面放進森林草莓，同時將椰子達克瓦茲混在其中，藉此增加味道和口感的強弱，使整體的味道更加紮實。

　　這是在一開始先決定好主題，然後偶然受惠於素材的案例。

　　另外，也有幾個靈感來自於雜誌連載的季節水果。

　　其中一個是檸檬奶油和羅勒組合而成的塔派普羅旺斯（→P.158），這是以夏季為主題的甜點。這是法國主廚朋友在講習會上製作的甜點，所給我帶來的靈感。把加了羅勒碎末的檸檬奶油當成塔派餡料的甜點。真的是非常美味。

　　我也會思考專屬於個人風格的甜點色彩，把羅勒和檸檬2種素材，製成名為香檸奶油和羅勒果膠的配料，讓各自的印象更加鮮明。那就是普羅旺斯。

　　在某些機緣巧合下體驗到的美食經驗當中，經常可以看到許多意想不到的素材組合。

　　我也曾經以自己商品化的甜點為基礎，構思出全新的搭配組合。在薄荷慕斯裡面加上葡萄柚慕斯的幾何（→P.74），或者是由熱帶水果慕斯和薄荷草莓果泥組合而成的太陽之擊（→P.78），便是如此。

　　就拿幾何來說吧！就是以把薄荷慕斯和巧克力慕斯混在一起的Miss Albion為起點。我當時就一直在想，或許使用薄荷就可以製作出在春季到初夏之間，可以帶來清涼感的甜點。薄荷慕斯和葡萄柚慕斯組合起來，就成了幾何。剛開始，我只用粉紅色的葡萄柚果汁製作，但因為欠缺衝擊性，所以就添加了葡萄柚的果肉，如此一來，新鮮的葡萄柚果肉就會在嘴裡爆開，使果汁在嘴裡擴散，帶來更棒的味覺感受。

　　在這種經驗的累積過程中，我漸漸開始會在自己的腦中想像，把素材組合搭配之後會產生什麼樣的味道呢？最近，試著製作之後，幾乎都可以表現出自己所想像的味道。

　　卡美濃（→P.84）的哈密瓜和番石榴也是平常很少組合搭配的素材，但並不是做出改變，而是思考素材本身，自然就能找出使味道更美味的組合。這些甜點都是從長年經驗當中淬煉出的美味。

卡美濃
Guamelon

Guava mousse

Melon mousse

Coconut dacquoise

份量　6cm×高度4cm的三角圈模30個
＊準備4.7cm的三角形切模。

椰子達克瓦茲（→P.23）── 基本份量

哈密瓜慕斯
- 哈密瓜果泥（冷凍狀態下切成1cm丁塊）── 785g
- 檸檬汁 ── 65g
- 片狀明膠 ── 19g
- 櫻桃酒 ── 50g
- 義式蛋白霜 ── 以下取195g使用
- 乳霜（→P.43）── 270g

番石榴
- 番石榴果泥（冷凍狀態下切成1cm丁塊）── 290g
- 檸檬汁 ── 15g
- 片狀明膠 ── 7g
- 櫻桃酒 ── 35g
- 義式蛋白霜 ── 以下取70g使用
- 乳霜 ── 100g

義式蛋白霜
- 蛋白 ── 115g
- 精白砂糖 ── 165g
- 水 ── 40g

淋醬　將以下材料混合
- 鏡面果膠 ── 140g
- 櫻桃酒 ── 10g

裝飾
- 哈密瓜（綠肉、紅肉）── 各適量
  ＊去除外皮和種籽。綠肉是伯爵蜜瓜、安地斯蜜瓜等，紅肉是
  夕張蜜瓜、昆西蜜瓜等。

Guava and melon mousse cake

Makes thirty triangle cakes
*6-cm×4-cm height triangle cake ring,
4.7-cm triangle pastry cutter

1 recipe coconut dacquoise, see page 23

Melon mousse
- 785g frozen melon purée, cut into 1-cm cubes
- 65g fresh lemon juice
- 19g gelatin sheets, soaked in ice-water
- 50g kirsch
- 195g italian meringue, see below
- 270g whipped heavy cream, see page 44

Guava mousse
- 290g frozen guava purée, cut into 1-cm cubes
- 15g fresh lemon juice
- 7g gelatin sheets, soaked in ice-water
- 35g kirsch
- 70g italian meringue, see below
- 100g whipped heavy cream

Italian meringue
- 115g egg whites
- 165g granulated sugar
- 40g water

For the glaze
- 140g neutral glaze
- 10g kirsch

For décor
melon, peeled and seeded
*earl's melon (green flesh melon),
cantaloupe melon (orange flesh melon), etc.

香氣高雅的哈蜜瓜慕斯，加上番石榴慕斯的熱帶華麗香氣，
口感綿密、滑順又水嫩。

a

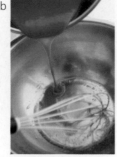
b

c

d

e

f

g

h

i

準備達克瓦茲

1 製作椰子達克瓦茲，用口徑1.3cm的圓形花嘴，在樹脂製烤盤墊上擠出直徑5cm，烘烤出爐後，放涼備用（→P.23）。熱度消退後，用4.7cm的三角形切模，壓切出30個。

製作2種慕斯

2 把模型排放在OPP膜緊密貼覆的托盤上，冷藏備用（→P.43準備模型用托盤）。

3 以幾乎同步的方式製作哈密瓜慕斯和番石榴慕斯。參考果泥慕斯的步驟1～3（→P.44），分別將2種冷凍果泥解凍，加入檸檬汁，連同櫻桃酒一起，和融化的明膠混合〔a～b〕。

4 步驟3和義式蛋白霜、鮮奶油混合之前，先隔著冰水拌勻，分別把溫度調整成偏低的13℃。

5 義式蛋白霜要和2種慕斯混合在一起。參考果泥慕斯的步驟4～7，製作義式蛋白霜，把其中的195g和哈密瓜慕斯用的乳霜混在一起〔c〕，先完成哈密瓜慕斯。

6 步驟4的哈蜜瓜果泥分3次倒進步驟5裡面，用打蛋器切拌〔d〕。參考果泥慕斯的步驟9～10，完成製作〔e〕。

7 哈密瓜慕斯完成時，用相同的要領，開始進行番石榴慕斯的下料。把70g的義式蛋白霜和指定份量的乳霜混合，把步驟4製作的番石榴果泥，冷卻至13℃，分成2次加入拌勻〔f～g〕。如果番石榴慕斯變軟，就觀察濃稠度的狀態，然後冷藏。≡1

8 用口徑1.3cm的圓形花嘴，把哈密瓜慕斯擠進預先冷卻好的模型裡面至6分滿〔h〕。

9 用相同大小的圓形花嘴，把番石榴慕斯擠進步驟8的模型裡面。把擠花袋往內推，直到花嘴碰觸到底部為止，一邊擠出，一邊緩慢地往上拉〔i〕。

≡1 和中國之夜相同，獨創的下料方法（→P.68 ≡1）。

j

k

l

m

10 用湯匙的背面，從中央往外側抹平，製作出凹陷，把步驟1椰子達克瓦茲的平坦面朝上，往下按壓〔j～k〕。

11 放上OPP膜和托盤，往下壓（→P.43冷凍之前）。放進急速冷凍庫凝固

12 取出步驟11，用托盤夾住，翻面，拿掉OPP膜。修整模型周圍，排放在托盤上，放進冷凍庫備用。

13 取出步驟12，用抹刀把淋醬塗在上方。放進冷凍庫凝固。

14 把模型周圍修整乾淨，用瓦斯槍加熱圈模，脫模。排放在托盤上，放進冷凍庫保存。

最後加工

15 把步驟14半解凍備用。2種顏色的哈密瓜切成1cm寬的梳形切，切成厚度5mm的梯形，放在廚房紙巾上面，把水分瀝乾〔l～m〕。

16 把雙色的哈密瓜交錯黏貼在半解凍的慕斯周邊。

＊通常是放在小蛋糕用的金托盤上，再進行裝飾。

杏桃迷迭香
Abricot romarin

Blood peach mousse

Apricot and
blood peach jelly — Apricot mousse

Rosemary sponge cake

份量　長邊8cm×短邊4cm、
高度4cm的船形圈模30個
＊準備長邊5cm×短邊3cm的樹脂鵝蛋模型、
長邊6.5cm×短邊2.5cm的船形切模。

迷迭香海綿蛋糕
- 杏仁海綿蛋糕（→P.12）
  —— 60×40cm烤盤1個
  ・迷迭香香草醬
  - 迷迭香 —— 5g
  - 檸檬汁 —— 1g
  - EXV橄欖油 —— 15g
  - 綠色色素 —— 4滴
  - 黃色色素 —— 3滴

酒糖液　將以下材料混合
- 波美30°糖漿 —— 30g
- 杏桃甜露酒 —— 25g
- 水 —— 20g

蜜桃慕斯（內餡）
- 蜜桃果泥
  （冷凍狀態下切成1cm丁塊）—— 130g
  ＊名為蜜桃的紅色桃子的果泥。
  皮和果肉呈紅色，帶有酸味。
- 檸檬汁 —— 6g
- 精白砂糖 —— 2g
- 片狀明膠 —— 3g
- 桃子甜露酒 —— 17g
  ・義式蛋白霜　以下取30g使用
  - 蛋白 —— 60g
  - 精白砂糖 —— 125g
  - 水 —— 25g
- 乳霜（→P.43）—— 45g

杏桃和蜜桃的果凍（內餡）
- 甜露酒漬杏桃乾
  - 杏桃乾 —— 30g
  - 杏桃甜露酒A —— 20g
- 片狀明膠 —— 3g
- 桃子甜露酒 —— 3g
- 蜜桃果泥
  （切成1cm丁塊後，解凍）—— 95g
- 檸檬汁 —— 13g

杏桃慕斯
- 杏桃果泥
  （冷凍狀態下切成1cm丁塊）—— 695g
- 微粒精白砂糖 —— 15g
- 片狀明膠 —— 17g
- 檸檬汁 —— 35g
- 杏桃甜露酒B —— 95g
  ・義式蛋白霜
  - 蛋白 —— 65g
  - 精白砂糖 —— 110g
  - 水 —— 30g
- 乳霜 —— 240g

淋醬　將以下材料混合
- 鏡面果膠 —— 150g
- 杏桃果泥（切成1cm丁塊後，解凍）—— 15g

裝飾
- 蜜桃果醬（→P.37果醬）—— 50g
  ・糖煮杏桃 —— 1個／1個
  - 杏桃乾 —— 600g
  - 迷迭香 —— 2枝
  - 水 —— 600g
  - 精白砂糖 —— 120g
- 覆盆子 —— 2粒／1個

Apricot and rosemary

Makes thirty boat-shaped cakes
*8-cm×4-cm×4-cm height boat-shaped cake ring,
5-cm length×3-cm width oval silicon mold tray,
6.5-cm length×2.5-cm width boat-shaped pastry cutter

Rosemary sponge cake
- 1 sheet almond sponge cake for 60×40-cm
  baking sheet pan, see page 12
  ・Rosemary sauce
  - 5g fresh rosemary
  - 1g fresh lemon juice
  - 15g EXV olive oil
  - 4 drops of green food coloring
  - 3 drops of yellow food coloring

For the syrup
- 30g baume-30° syrup
- 25g apricot liqueur
- 20g water

Blood peach mousse
- 130g frozen blood peach purée,
  cut into 1cm cubes
- 6g fresh lemon juice
- 2g granulated sugar
- 3g gelatin sheet, soaked in ice-water
- 17g peach liqueur
  ・Italian meringue (use 30g)
  - 60g egg whites
  - 125g granulated sugar
  - 25g water
- 45g whipped heavy cream, see page 44

Apricot and blood peach jelly
- ・Apricot in liguer
  - 30g dried apricots
  - 20g apricot liqueur A
  - *mix dried apricots into A before 1 day
- 3g gelatin sheet, soaked in ice-water
- 3g peach liqueur
- 95g frozen blood peach purée,
  cut into 1cm cubes
- 13g fresh lemon juice

Apricot mousse
- 695g frozen apricot purée, cut into 1-cm cubes
- 15g caster sugar
- 17g gelatin sheets, soaked in ice-water
- 35g fresh lemon juice
- 95g apricot liqueur B
  ・Italian meringue
  - 65g egg whites
  - 110g granulated sugar
  - 30g water
- 240g whipped heavy cream

For the glaze
- 150g neutral glaze
- 15g frozen apricot purée,
  cut into 1-cm cubes, and defrost

For décor
- 50g blood peach jam, see page 37
  ・1 poached apricot for 1cake
  - 600g dried apricots
  - 2 fresh rosemary
  - 600g water
  - 120g granulated sugar
- 2 raspberries for 1 cake

迷迭香的香氣竄入鼻腔，果凍和紅色桃子的慕斯酸味，
從殘留著稚嫩餘韻的杏桃慕斯裡面探出頭，帶來滿滿的清涼感。

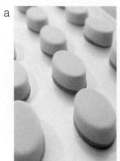

浸漬杏桃和蜜桃的果凍用杏桃

1 杏桃乾切成6等分，預先和杏桃甜露酒A混合，放進夾鏈袋，擠出空氣，封起袋口，在室溫下浸漬一晚，直到杏桃變軟。

製作內餡

2 把長邊5cm×短邊3cm的樹脂製鵝蛋模型放在托盤上面，冷藏備用。

3 參考果泥慕斯（→P.44），製作蜜桃慕斯。可是，融化的果泥要和檸檬汁一起加入砂糖，拌勻融化使用。

4 用口徑1.3cm的圓形花嘴，把慕斯擠進步驟2的樹脂製模型裡面至7分滿。擠出30個，放進急速冷凍庫凝固。

5 製作杏桃和蜜桃的果凍。步驟1的漬杏桃，和先前融化的部分蜜桃果泥混合在一起，用研磨攪拌機攪拌成細碎，再倒回果泥裡面，然後混入檸檬汁使用，製作果凍（→P.37果凍）。

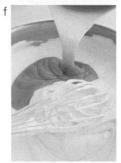

6 用口徑8mm的圓形花嘴，把步驟5擠進步驟4裡面，以相同方式凝固（→P.37製作內餡）。

7 凝固後，脫模，排放在托盤上面冷藏〔a〕。

準備海綿蛋糕

8 參考香草海綿蛋糕（→P.13），製作迷迭香海綿蛋糕。可是，色素要和用檸檬汁、橄欖油拌勻的迷迭香香草醬一起倒進麵糊裡面。出爐後放涼備用。

9 把步驟8的海綿蛋糕切成2×18.25cm的帶狀，取30片。剩下的海綿蛋糕用長邊6.5cm×短邊2.5cm的船形切模壓切，取30片作為底部使用。

10 把長邊8cm×短邊4cm的船形圈模，排放在OPP膜緊密貼覆的托盤上（→P.43準備模型用托盤），步驟9的帶狀海綿蛋糕以烤色面朝內的方向入模。讓圈模的接縫處朝向內側，用手指從後面壓下海綿蛋糕，讓海綿蛋糕的兩端在圈模的接縫處接合（→P.52芒果醋栗的步驟8）。

11 讓步驟9的底部浸泡一下酒糖液，讓烤色面朝上，鋪在步驟10的模型底部。放置在室溫下。

製作杏桃慕斯

12 參考果泥慕斯（→P.44）。冷凍的杏桃果泥融化後，倒進檸檬汁和砂糖拌勻。

13 把明膠放進鋼盆，加入酒，隔水加熱融化〔b〕，加入少許步驟12的果泥，攪拌融化，一邊攪拌一邊倒回果泥的鋼盆〔c〕。隔著冰水攪拌，調溫至12℃左右〔d〕。濃稠程度和溫度是主要關鍵。≡1

14 參考果泥慕斯的步驟4～10，把義式蛋白霜和乳霜混在一起，分3次，把步驟13加入拌勻〔e～g〕。

15 用口徑1.3cm的圓形花嘴，把步驟14的慕斯擠進步驟11的模型裡面至9分滿〔h〕。

16 取出步驟7的內餡，把果凍面朝下，放置在模型中央〔i〕，往下壓入〔j〕。進一步擠入慕斯〔k〕。

17 用抹刀抹平表面〔l〕，用抹刀去除多餘的慕斯。蓋上蓋子，放進急速冷凍庫凝固。

18 取出步驟17，用抹刀把淋醬塗抹在整體。去除沾在模型上的多餘慕斯和淋醬，把模型往相同方向排放。放進冷凍庫凝固。

19 用口徑2.5mm的圓形花嘴，把蜜桃果醬擠在步驟18上面，形狀就如照片所示〔m〕。慕斯已經結凍，所以果醬會馬上凝固。

20 用瓦斯槍加熱圈模，脫模，冷藏保存。

製作糖煮杏桃

21 把杏桃乾排放在鋼盆裡面，放上迷迭香〔n〕。

22 把水和精白砂糖放進手鍋煮沸，砂糖融化後，趁熱倒進步驟21裡面，密封上有孔的紙蓋〔o～p〕。放在IH調理器上面，再次煮沸後，關火，靜置直到冷卻為止。

最後加工

23 把步驟20半解凍後，取出，分別裝飾上1個步驟22的糖煮杏桃乾〔q〕和2粒覆盆子。

≡1 杏桃慕斯容易離水，讓融化的果泥和明膠混合，然後冷卻，是增加濃稠度的重要關鍵。

翁夫勒
Honfleur

Cidre mousse
Apple sauté
Blackcurrant mousse
Almond sponge cake with jam
Almond sponge cake

份量　長邊6cm×高度4cm的六角形圈模30個
＊準備直徑4cm×深度2cm的樹脂製圓形模型、
　直徑4.7cm的切模。

杏仁海綿蛋糕和
果醬海綿蛋糕
[杏仁海綿蛋糕（→P.12）
　　——60×40cm烤盤1個
[黑醋栗果醬（→P.37果醬）——約150g

酒糖液　將以下材料混合
[波美30°糖漿——45g
　蘋果白蘭地——30g
[水——25g

黑醋栗慕斯（內餡）　直徑4cm 48個
[・黑醋栗安格列斯醬
　[黑醋栗果泥A
　　（冷凍狀態下切成1cm丁塊）——100g
　　香草棒——1/10根
　　蛋黃——55g
　　微粒精白砂糖——25g
　　片狀明膠——5g
　　黑醋栗果泥B
　　（冷凍狀態下切成1cm丁塊）——60g
　[黑醋栗香甜酒——40g
　・義式蛋白霜　以下取65g使用
　[蛋白——60g
　　精白砂糖——105g
　[水——25g
[乳霜（→P.43）——165g

配料（內餡用）
煎蘋果（→P.33）——基本份量

蘋果酒慕斯
[・蘋果酒的安格列斯醬
　[蘋果酒——730g
　　香草棒——2/5根
　　蛋黃——125g
　　微粒精白砂糖——52g
　　片狀明膠——14g
　[蘋果白蘭地——90g
　・義式蛋白霜
　[蛋白——65g
　　精白砂糖——95g
　[水——25g
[乳霜——390g

淋醬　將以下材料混合
[鏡面果膠——200g
[蘋果白蘭地——10g

黑醋栗的鏡面果膠　將以下材料混合
[鏡面果膠——30g
[黑醋栗果醬——10g

裝飾
[蘋果乾（→P.38）——1塊／1個
　Raftisnow——適量
[蘋果皮脆片（→P.38）——3片／1個

Honfleur

Makes thirty hexagon cakes
＊6-cm length×4-cm height hexagon cake ring,
4-cm diameter×2-cm depth tartlet silicon
mold tray-48 wells,
4.7-cm diameter round pastry cutter

Almond sponge cake and
almond sponge cake with jam
[1 sheet almond sponge cake for
　60×40-cm baking sheet pan, see page 12
[about 150g blackcurrant jam, see page 37

For the syrup
[45g baume-30° syrup
　30g calvados
[25g water

Blackcurrant mousse (for the center)
for 4-cm diameter tartlet silicon tray-48 wells
[・Blackcurrant anglaise sauce
　[100g frozen blackcurrant purée A,
　　cut into 1cm-cubes
　　1/10 vanilla bean
　　55g egg yolks
　　25g caster sugar
　　5g gelatin sheets, soaked in ice-water
　　60g frozen blackcurrant purée B,
　　cut into 1-cm cubes
　[40g crème de cassis (blackcurrant liqueur)
　・Italian meringue (use65g)
　[60g egg whites
　　105g granulated sugar
　[25g water
[165g whipped heavy cream, see page 44

Garnish, for the center
48 pieces apple sauté, see page 33

Cidre mousse
[・Cidre anglaise sauce
　[730g cidre (hard cider)
　　＊reduce into half
　　2/5 vanilla bean
　　125g egg yolks
　　52g caster sugar
　　14g gelatin sheets, soaked in ice-water
　[90g calvados
　・Italian meringue
　[65g egg whites
　　95g granulated sugar
　[25g water
[390g whipped heavy cream

For the glaze
[200g neutral glaze
[10g calvados

Blackcurrant glaze
[30g neutral glaze
[10g blackcurrant jam

For décor
[1 piece dehydrated apple for 1 cake,
　see page 38
　raftisnow for dusting
[3 apple peel chips for 1 cake, see page 38

以許多遊艇停駐的諾曼第港町‧翁夫勒為形象，黑醋栗慕斯的濃醇酸味，
使細緻的蘋果酒慕斯和煎蘋果更顯風味。

 a
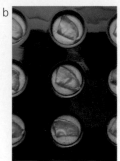 b

 c
 d

 e
 f

 g
 h

 i
 j

製作黑醋栗慕斯（內餡）

1 把直徑4.7cm的樹脂製模型放在托盤上面，放置在室溫下。煎蘋果先製作起來，放涼備用（→P.38）。

2 參考以果泥安格列斯醬為基底的慕斯（→P.45），製作黑醋栗慕斯。

3 用口徑1.3cm的圓形花嘴，把慕斯擠進步驟1的模型至7分滿。連同托盤一起往下輕敲，消除縫隙，使其分布均勻〔a〕。

4 把1塊放涼的煎蘋果放進步驟3的中央，往下壓〔b〕，放進急速冷凍庫凝固。共使用30個。從模型脫模後，排放在托盤上，放進冷凍庫備用。

準備海綿蛋糕

5 把六角形的圈模排放在OPP膜緊密貼覆的托盤上（→P.43準備模型用托盤）。

6 製作杏仁海綿蛋糕（→P.12）。可是，平舖在烤盤上的一半麵糊，要先用口徑5mm的圓形花嘴，把黑醋栗果醬擠成間距2cm的斜線，再進行烘烤（→P.13果醬海綿蛋糕）。出爐後放涼備用。

7 把果醬海綿蛋糕切成2×18.5cm，取30片〔c〕。杏仁海綿蛋糕用直徑4.7cm的切模，取30片作為底部用。

8 把糖粉（份量外）撒滿在步驟6的果醬海綿蛋糕上面〔d〕，讓果醬面朝向外側，放進步驟5的圈模〔e〕。入模重點參考芒果醋栗的步驟8（→P.52）。用廚房紙巾擦掉沾在模型內側的糖粉。

＊之所以撒上糖粉是因為果醬會沾黏在模型上面。

9 步驟7的底部用海綿蛋糕浸泡酒糖液後，把汁液瀝乾，烤色面朝上，鋪在步驟1的模型底部〔f～g〕。放置在室溫下。

製作蘋果酒慕斯

10 把蘋果酒放進手鍋，用中火加熱，熬煮20分鐘左右，直到份量減少至一半〔h〕。取少量把香草籽拌開（→P.24香草的處理），倒回鍋裡〔i〕。

11 使用熬煮過的蘋果酒代替牛乳，烹煮安格列斯醬（→P.26）。把蛋黃和砂糖混合，加入步驟10，充分拌勻後，倒回鍋裡，開中火加熱，用打蛋器攪拌加熱。確實產生濃稠度後，快速過濾到鋼盆〔j～k〕。

12 把明膠放進步驟11，攪拌融化，隔著冰水攪拌，冷卻後加入蘋果白蘭地，冷卻至22℃〔l〕。

13 參考果泥慕斯的步驟4〜10（→P.44），把義式蛋白霜和乳霜混合在一起，把步驟12分3次加入拌勻〔m〕。

14 用口徑1.3cm的圓形花嘴，把步驟13擠進步驟9的模型裡至8分滿〔n〕。

15 取出步驟4的黑醋栗慕斯的內餡。讓煎蘋果端朝上，放置在模型中央，往下壓，進一步擠進慕斯〔o〜p〕。

16 用抹刀把表面抹平〔q〕，同時把多餘的慕斯清除乾淨。蓋上蓋子，放進急速冷凍庫凝固。

最後加工

17 取出步驟16，淋上淋醬，用抹刀均勻抹平。去除沾在模型上的多餘慕斯和淋醬，把模型往相同方向排放。用口徑2.5的圓形花嘴，把黑醋栗的鏡面果膠擠在4個部位〔r〕，放進冷凍庫確實凝固。

18 用瓦斯槍加熱圈模，脫模後，放進冷凍庫保存。

19 把步驟18半解凍。撒上Raftisnow後，放上蘋果乾，同時插上蘋果皮脆片裝飾。

愉快
Agréable

Passion fruit mousse

Raspberry jelly

Almond sponge cake

Almond sponge cake with jam

份量　長邊6cm×高度4cm的
六角形圈模30個
＊準備直徑4cm×深度2cm的
　樹脂製圓形模型、直徑4.7cm的切模。

杏仁海綿蛋糕和
果醬海綿蛋糕
- 杏仁海綿蛋糕（→P.12）
　　──60×40cm烤盤1個
- 帶籽覆盆子（→P.37果醬）──約150g

酒糖液　使用前混合
- 百香果果泥
　（切成1cm丁塊後，解凍）──20g
- 波美30°糖漿──35g
- 百香果甜露酒──20g
- 水──10g

覆盆子果凍（內餡）
- 冷凍覆盆子（整顆）──60g
- 片狀明膠──5g
- 覆盆子白蘭地──10g
- 覆盆子果泥
　（冷凍狀態下切成1cm丁塊）──215g
- 檸檬汁──20g
- 微粒精白砂糖──45g

百香果慕斯
- ・百香果安格列斯醬
  - 百香果果泥A
　　（冷凍狀態下切成1cm丁塊）──300g
  - 香草棒──2/5根
  - 蛋黃──150g
  - 微粒精白砂糖──95g
  - 片狀明膠──18g
  - 百香果果泥B
　　（冷凍狀態下切成1cm丁塊）──185g
  - 百香果甜露酒──65g
- ・義式蛋白霜
  - 蛋白──75g
  - 精白砂糖──115g
  - 水──30g
- 乳霜（→P.43）──470g

淋醬　將以下材料混合
- 鏡面果膠──200g
- 百香果果泥
　（切成1cm丁塊後，解凍）──20g

裝飾
- 巨峰葡萄、麝香葡萄　各1粒／1個
- 覆盆子、藍莓　各1粒／1個

Agreeable

Makes thirty hexagon cakes
*6-cm length×4-cm height hexagon cake ring,
4-cm diameter×2-cm depth tartlet silicon
mold tray,
4.7-cm diameter round pastry cutter

Almond sponge cake and
almond sponge cake with jam
- 1 sheet almond sponge cake for 60×40-cm
  baking sheet pan, see page 12
- about 150g raspberry jam, see page37

For the syrup
- 20g frozen passion fruit purée,
  cut into 1-cm cubes, and defrost
- 35g baume-30° syrup
- 20g passion fruit liqueur
- 10g water

Raspberry jelly
- 60g frozen raspberries, broken
- 5g gelatin sheets, soaked in ice-water
- 10g raspberry eau-de-vie (raspberry brandy)
- 215g frozen unsweetened raspberry purée,
  cut into 1-cm cubes
- 20g fresh lemon juice
- 45g caster sugar

Passion fruit mousse
- ・Passion fruit anglaise sauce
  - 300g frozen passion fruit purée A,
    cut into 1-cm cubes
  - 2/5 vanilla bean
  - 150g egg yolks
  - 95g caster sugar
  - 18g gelatin sheets, soaked in ice-water
  - 185g frozen passion fruit purée B,
    cut into 1-cm cubes
  - 65g passion fruit liqueur
- ・Italian meringue
  - 75g egg whites
  - 115g granulated sugar
  - 30g water
- 470g whipped heavy cream, see page44

For the glaze
- 200g neutral glaze
- 20g frozen passion fruit purée,
  cut into 1-cm cubes, and defrost

For décor
- 1 grape of Kyoho (Japanese grape)
  and 1 muscat for 1 cake
- 1 raspberry and 1 blueberry for 1 cake

百香果的清爽酸味和香氣、帶籽覆盆子的清涼感，
和果醬海綿蛋糕的香甜產生對比。

a

b

c

d

e

f

g

h

製作覆盆子果凍（內餡）

1 把直徑4cm×深度2cm的樹脂製圓形模型放在托盤上面，放置在室溫下備用。

2 把整顆冷凍覆盆子放進夾鏈袋，用木槌敲碎，放進冷凍庫備用。

3 利用步驟2以外的材料製作果凍（→P.37），倒進步驟1的模型裡面，連同托盤一起往下輕敲，使材料分布均勻。

4 把1小匙（2g）步驟2的碎覆盆子，放在步驟3的上方，往下壓。放進急速冷凍庫凝固。

5 確實凝固後，從模型上脫模〔a〕，排放在托盤上，放進冷凍庫備用。

準備海綿蛋糕

6 把六角形的圈模排放在OPP膜緊密貼覆的托盤上，放在室溫下備用（→P.43準備模型用托盤）。

7 製作杏仁海綿蛋糕（→P.12）。可是，平舖在烤盤上的一半麵糊，要先用口徑4mm的圓形花嘴，把帶籽覆盆子擠成間距2cm的斜線，再進行烘烤（→P.13果醬海綿蛋糕）。出爐後放涼備用。

8 把果醬海綿蛋糕切成2×18.5cm，取30片。杏仁海綿蛋糕用直徑4.7cm的切模，取30片作為底部用。

9 參考翁夫勒的步驟8～9（→P.94），把糖粉（份量外）撒滿在步驟8的果醬海綿蛋糕上，讓果醬面朝向外側，放進步驟1的圈模，底部用海綿蛋糕浸泡酒糖液後，鋪在模型底部。放置在室溫下。

製作百香果慕斯

10 參考以果泥安格列斯醬為基底的慕斯（→P.45），製作百香果慕斯〔b～c〕。

11 用口徑1.3cm的圓形花嘴，把步驟10的慕斯擠進步驟9的模型裡至8分滿〔d〕。讓碎覆盆子的那一面朝上，把步驟5的覆盆子果凍放在模型中央，往下壓入，進一步擠入慕斯〔e～f〕。

12 用抹刀把表面抹平，多餘的慕斯用抹刀清除乾淨〔g～h〕。蓋上蓋子，放進急速冷凍庫凝固。

最後加工

13 取出步驟12，淋上淋醬，用抹刀均勻抹平。放進冷凍庫確實凝固。

14 用瓦斯槍加熱圈模，脫模後，排放在托盤上，放進冷凍庫保存。

15 把步驟14半解凍，各擺上1粒水果裝飾。

我喜歡
J'adore

常見的柑橘和巧克力的組合搭配，加入柑橘果凍增添酸味，再用糖漬金桔，
加上柑橘類的苦澀味，營造出新鮮的味道。

我喜歡
J'adore

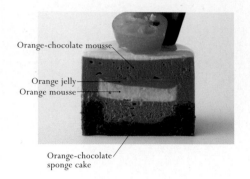

Orange-chocolate mousse

Orange jelly
Orange mousse

Orange-chocolate sponge cake

份量　直徑5.5×高度4cm的圓形圈模30個
＊準備直徑4cm×深度2cm的樹脂製圓形模型、
　直徑4cm的切模。

柑橘風味的巧克力海綿蛋糕
- 巧克力海綿蛋糕B（→P.14）
　—— 60×40cm烤盤1個
- 柑橘皮碎屑 —— 5g

酒糖液　將以下材料混合
- 柑橘汁 —— 90g
- 波美30°糖漿 —— 35g
- 柑橘香甜酒 —— 55g

柑橘慕斯（內餡）
- ・柑橘安格列斯醬
　- 柑橘汁A —— 15g
　- 濃縮柑橘汁A —— 30g
　- 香草棒 —— 1/10根
　- 蛋黃 —— 20g
　- 微粒精白砂糖 —— 10g
　- 片狀明膠 —— 2g
　- 柑橘汁B —— 5g
　- 濃縮柑橘汁B —— 10g
　- 柑橘香甜酒 —— 15g
- ・義式蛋白霜　以下取30g使用
　- 蛋白 —— 60g
　- 精白砂糖 —— 105g
　- 水 —— 25g
- 乳霜（→P.43）—— 60g

柑橘果凍（內餡）
- 片狀明膠 —— 5g
- 柑橘香甜酒 —— 5g
- 柑橘汁 —— 90g
- 濃縮柑橘汁 —— 90g
- 微粒精白砂糖 —— 10g

柑橘風味的巧克力慕斯
- ・炸彈麵糊
　- 鮮奶油（乳脂肪38%）—— 90g
　- 精白砂糖 —— 75g
　- 蛋黃 —— 170g
- 柑橘風味的黑巧克力（可可56%）—— 325g
- 乳霜 —— 645g

香緹鮮奶油（→P.62）—— 100g

淋醬　將以下材料混合
- 鏡面果膠 —— 120g
- 濃縮柑橘汁 —— 12g
- 糖漬橙皮（碎末→P.34）—— 5g

裝飾
- 糖漬金桔（切對半→P.36）—— 1塊／1個
- 開心果（切碎）—— 適量
- 黑巧克力的巧克力裝飾（翅膀狀→P.42）—— 1片／1個

I adore

Makes thirty round cakes
＊5.5-cm diameter×4-cm height round cake ring,
4-cm diameter×2-cm depth tartlet silicom
mold, tray,
4-cm diameter round pastry cutter

Orange-chocolate sponge cake
- 1 sheet chocolate sponge cake B for
  60×40-cm baking sheet pan, see page14
- 5g grated orange zest

For the syrup
- 90g squeezed orange juice
- 35g baume-30° syrup
- 55g Mandarine Napoléon (orange liqueur)

Orange mousse
- ・Orange anglaise sauce
  - 15g squeezed orange juice A
  - 30g orange concentrated preparation A
  - 1/10 vanilla bean
  - 20g egg yolk
  - 10g caster sugar
  - 2g gelatin sheet, soaked in ice-water
  - 5g squeezed orange juice B
  - 10g orange concentrated preparation B
  - 15g Mandarine Napoléon (orange liqueur)
- ・Italian meringue (use 30g)
  - 60g egg whites
  - 105g granulated sugar
  - 25g water
- 60g whipped heavy cream, see page44

Orange jelly
- 5g gelatin sheets, soaked in ice-water
- 5g Mandarine Napoléon (orange liqueur)
- 90g squeezed orange juice
- 90g orange concentrated preparation
- 10g caster sugar

Orange-chocolate mousse
- ・Iced bombe mixture
  - 90g fresh heavy cream, 38% butterfat
  - 75g granulated sugar
  - 170g egg yolks
- 325g dark-orange chocolate, 56% cacao
- 645g whipped heavy cream

100g Chantilly cream, see page 62

For the glaze
- 120g neutral glaze
- 12g orange concentrated preparation
- 5g candied orange peel, finely chopped
- see page34

For décor
- 1 kumquat half compote for 1 cake,
  see page36
- chopped pistachios
- 1 dark chocolate decoration
- wing-shaped plate for 1 cake, see page42

a

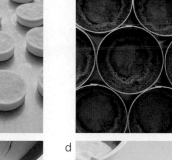
b

c

d

e

f

g

製作內餡

1 把口徑4cm×深度2cm的樹脂製圓形模型放在托盤上面，放置在室溫下備用。用柑橘慕斯和柑橘果凍製作內餡。

2 以安格列斯醬為基底，製作柑橘慕斯。把柑橘汁A和濃縮柑橘汁A放進手鍋，取其中的少量，把香草種籽拌開後（→P.24香草的處理），倒回鍋子。

3 把蛋黃和砂糖混合在一起，再把步驟2倒入，充分拌勻後，倒回步驟2，用中火加熱，一邊攪拌加熱，確實產生濃稠度之後，快速過濾到鋼盆裡面（→P.45以果泥安格列斯醬為基底的慕斯步驟3～4）。加入明膠，融化後，加入柑橘汁B和濃縮柑橘汁B，加入柑橘香甜酒。隔著冰水攪拌，調溫至22℃。

4 參考果泥慕斯的步驟4～10（→P.44），把義式蛋白霜和乳霜混合在一起，把調溫至22℃的步驟3分2次加入拌勻。

5 用口徑1.3cm的圓形花嘴，把步驟4擠進步驟1的樹脂製圓形模型裡面至一半高度。擠出30個，放進急速冷凍庫凝固。

6 製作柑橘果凍（→P.37果凍）。明膠用全部份量的酒融化，用柑橘汁和濃縮柑橘汁代替果泥，混合製作。

7 用填餡器把步驟6裝填到步驟5，以相同方式凝固，製作成內餡（→P.37）。凝固後，脫模〔a〕，排放在托盤上，放進冷凍庫備用。

準備海綿蛋糕

8 把圈模排放在OPP膜緊密貼覆的托盤上，放在室溫下備用（→P.43準備模型用托盤）。

9 用B的材料製作巧克力海綿蛋糕（→P.14）。磨碎的柑橘皮要在把杏仁粉、糖粉、蛋黃、蛋白打發的時候加入，一起攪拌製作，以相同方式烘烤。出爐後放涼備用。

10 把巧克力海綿蛋糕切成2×17.5cm，取30片作為側面用。剩下的海綿蛋糕用直徑4cm的切模，壓切出30片作為底部用。

11 用刷子把酒糖液塗抹在步驟10的側面用海綿蛋糕，讓烤色面朝向內側，裝進步驟8的模型裡面（→P.52芒果醋栗的步驟8）。底部用海綿蛋糕也要浸泡酒糖液，然後以烤色面朝上的方式鋪在底部〔b〕。

製作柑橘風味的巧克力慕斯

12 柑橘風味的黑巧克力要預先融化備用，使溫度在使用時為50℃。

13 參考巧克力慕斯（→P.46），利用炸彈麵糊基底進行製作〔c～g〕。

14 用口徑1.9cm的圓形花嘴，把步驟13的慕斯擠進步驟11的模型裡約至7～8分滿〔h〕。

15 取出步驟7的內餡。把果凍面朝上，分別放在步驟14的中央，往下壓〔i〕。

16 進一步把巧克力慕斯擠進模型裡面〔j〕。連同托盤一起往下輕敲，消除縫隙，用抹刀均勻抹平〔k〕。進一步用抹刀去除沾黏在模型上的多餘慕斯〔l〕。蓋上蓋子，放進急速冷凍庫凝固。

17 取出步驟16。把香緹鮮奶油製作成適合塗抹的硬度，用抹刀均勻薄塗在表面〔m～n〕。用抹刀修整模型的周圍，排放在托盤上。

18 用抹刀逐一抹上淋醬，放進冷凍庫確實凝固。

19 取出步驟18。用瓦斯槍加熱圈模，脫模。放進冷凍庫保存。

最後加工

20 把步驟19半解凍。裝飾上糖漬金桔，撒上少量切碎的開心果。插上翅膀狀的黑巧克力裝飾。

阿拉比克
Arabique

香氣豐醇的義式咖啡果凍，冰冰涼涼、入口即化，給人驚奇感受。
和果凍融合在一起的布蕾，有著輕盈的濃郁口感，開創出巧克力慕斯的新境界。

阿拉比克
Arabique

Coffee-chocolate mousse

Coffee jelly

Crème brûlée

Chocolate sponge cake

份量　直徑5.5×高度4cm的圓形圈模30個
＊準備4cm×深度2cm的樹脂製圓形模型、
　直徑4.7cm的切模。

巧克力海綿蛋糕A（→P.14）
　——60×40cm烤盤1個

酒糖液　將以下材料混合
┌ 波美30°糖漿——90g
└ 干邑白蘭地——50g

烤布蕾（內餡）
┌ 蛋黃——60g
│ 精白砂糖——30g
│ 鮮奶油（乳脂肪38%）——245g
│ 牛乳——80g
└ 香草棒——2/5根

咖啡果凍（內餡）
┌ 義式咖啡萃取液——240g
│ 片狀明膠——6g
└ 微粒精白砂糖——50g

巧克力咖啡慕斯
┌ ・炸彈麵糊
│ ┌ 鮮奶油（乳脂肪38%）——90g
│ │ 精白砂糖——80g
│ └ 蛋黃——185g
│ 咖啡風味的黑巧克力
│ 　（可可57%）——340g
│ 乳霜（→P.43）——685g
└ 咖啡萃取物——18g

巧克力漿噴霧
┌ 黑巧克力（可可56%）——200g
└ 可可脂——80g

裝飾
┌ 巧克力淋醬（→P.42）——適量
│ 波美30°糖漿
│ 　——巧克力淋醬的一半份量
│ 黑巧克力（翅膀狀→P.42）
│ 　——黑巧克力1片和
│ 　　牛奶巧克力2片／1個
│ 標籤——各1張／1個
└ 脆皮杏仁（→P.30）——適量

Arabian

Makes thirty round cakes
＊5.5-cm diameter×4-cm height round cake ring,
4-cm diameter×2-cm depth tartlet silicon
mold, tray
4.7-cm diameter round pastry cutter

1 sheet chocolate sponge cake A for
60×40-cm baking sheet pan, see page14

For the syrup
┌ 90g baume-30° syrup
└ 50g cognac

Crème brûlée
┌ 60g egg yolks
│ 30g granulated sugar
│ 245g fresh heavy cream, 38% butterfat
│ 80g whole milk
└ 2/5 vanilla bean

Coffee jelly
┌ 240g espresso coffee
│ 6g gelatin sheets, soaked in ice-water
└ 50g caster sugar

Coffee-chocolate mousse
┌ ・Iced bombe mixture
│ ┌ 90g fresh heavy cream, 38% butterfat
│ │ 80g granulated sugar
│ └ 185g egg yolks
│ 340g dark-coffee chocolate, 57% cacao
│ 685g whipped heavy cream, see page44
└ 18g coffee extract

Chocolate pistol
┌ 200g dark chocolate, 56% cacao
└ 80g cocoa butter

For décor
┌ chocolate glaze, see page42
│ baume-30° syrup, 1/2 recipe to chocolate glaze
│ 1 dark and 1 milk chocolate decoration
│ wing-shaped plate for 1 cake, see page 42
│ 1 seal for 1 cake
└ praline bits, see page30

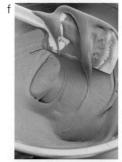

製作內餡

1. 把內餡用的直徑4cm樹脂製圓形模型放在托盤上面。放置在室溫下備用。用烤布蕾和咖啡果凍製作內餡。

2. 製作烤布蕾的料糊。蛋黃放進鋼盆打散，加入砂糖，充分磨擦攪拌。每次加入鮮奶油、牛乳時，都要充分拌勻，過濾至鋼盆。最後，只加入香草種籽拌勻（→P.24香草的處理）。

3. 用填餡器把步驟2的料糊填入步驟1的樹脂製模型，製作30個，用85℃的烤箱烘烤80分鐘。放涼後，放進急速冷凍庫凝固。

4. 製作咖啡果凍。把萃取出的義式咖啡倒進鋼盆，加入明膠和砂糖攪拌，融化後隔著冰水冷卻。

5. 用填餡器把步驟4填入步驟3裡面，放進急速冷凍庫凝固。

6. 凝固後，脫模〔a〕，排放在托盤上，放進冷凍庫備用。

準備海綿蛋糕

7. 用A的材料製作巧克力海綿蛋糕，烘烤備用（→P.14）。出爐後放涼備用。

8. 用直徑4.7cm的切模，壓切出30片底部用的海綿蛋糕。

製作巧克力咖啡慕斯

9. 把直徑5.5cm的圈模排放在OPP膜緊密貼覆的托盤上，放在室溫下備用（→P.43準備模型用托盤）。

10. 參考巧克力慕斯（→P.46），製作炸彈麵糊基底。把炸彈麵糊倒進融化的巧克力裡面，稍微攪拌之後，再把咖啡萃取物加入〔b~f〕。

11. 用口徑1.9cm的圓形花嘴，把步驟10的慕斯擠進步驟9的圈模裡面至8分滿〔g〕。

12. 取出步驟6的內餡，布蕾端朝上，放在步驟11的中央後，往下壓〔h~i〕。再進一步擠滿巧克力慕斯〔j〕。

13 用湯匙的背面，從中央往外側抹勻，同時製作出凹陷。把步驟8的底部海綿蛋糕浸泡一下酒糖液，烤色面朝下，放置在上方〔k～l〕。一邊轉動海綿蛋糕一邊往下壓，避免空氣跑進底部。

14 把OPP膜和托盤放在上面往下壓（→P.43冷凍之前）〔m〕，放進急速冷凍庫凝固。

15 取出14，用托盤夾住，翻面，用瓦斯槍加熱周圍，脫模後，排放在托盤上面，放進冷凍庫保存。

最後加工

16 製作巧克力漿噴霧。黑巧克力和可可脂融化後，調溫成50℃。取出步驟15，等距排放在白報紙上面，包起來後用噴槍只朝側面噴吹巧克力漿噴霧，再排放在鋪有OPP膜的托盤上，放進冷凍庫保存。只把完成的部分，放在小蛋糕用的金托盤上面，冷藏30分鐘。取出之後，用廚房紙巾去除上面的水滴。

17 把巧克力淋醬和一半份量的糖漿混合，隔水加熱，調整成26～27℃（→P.42使用時），用抹刀逐一塗抹在步驟16的上面。冷藏15分鐘，使淋醬變得緊密。

18 取出步驟17，插上翅膀狀黑巧克力和標籤，在中央營造出空間，然後放上脆皮杏仁裝飾。

＊阿拉比克是柔軟的慕斯，所以要慢慢的解凍，一邊謹慎作業。

<table>
<tr><td>COLUMN
4</td><td>聖馬克系列是全新的類型</td></tr>
</table>

　　聖馬克（Saint-Marc）是巴黎法式甜點名店「Jean Millet（內琴米羅）」的特產。我想應該沒有人不知道。而我自己本身也相當喜歡這道甜點。

　　香草香緹和巧克力香緹夾著裘康地蛋糕體（Biscuit Joconde；法式杏仁海綿蛋糕），麵糊抹上炸彈麵糊後，再撒上砂糖，然後進一步焦糖化。焦糖化的香氣和甜苦味，和香草香緹格外契合，是味道相當協調的一道甜點。

　　在濕氣較重的日本國內，焦糖容易融化。即便如此，我還是一直很想在日本製作聖馬克這道甜點。

　　那個時候我有個想法，或許可以把味道十分搭調的香草香緹和巧克力香緹加以組合，用來製作成夏季的甜點。於是，聖馬克的代表性甜點B加勒比（→P.108）就這樣誕生了。「內琴米羅（Jean Millet）」並沒有在蛋糕體上面塗抹酒糖液，而我則是抹上萊姆酒和糖漿混合而成的酒糖液，藉此增加甜度。巧克力香緹裡面還添加了自家製橙皮。雖然與焦糖化不同，不過，加上柑橘類特有的苦澀味之後，整體的協調變得更好了。可是，還是有種缺少了什麼的感覺，所以就用香蕉製作果凍，夾在中央當成內餡。果凍裡面還添加了檸檬汁，增加了酸味，進一步調配出更加完美的味道。

　　有時，香緹鮮奶油也會添加明膠，不過，我考量到口感問題，並沒有使用明膠。可是，若要製作出入口即化的香緹，就必須完美打發。

　　艾蓮娜（→P.112）這道甜點的靈感，來自於洋梨佐巧克力醬的甜點「糖煮洋梨塔（Poire Belle-Hélène）」。其他甜點使用的紅酒煮無花果乾（→P.39），是否還能拿來製作其他甜點呢？基於這樣的想法，我把紅酒煮無花果乾絞碎，放進巧克力香緹裡面拌勻使用。中央的果凍則用洋梨製成。

　　B加勒比是夏天的甜點；艾蓮娜是秋冬的商品。香緹鮮奶油、麵糊、果凍的味道組合是慕斯、奶霜蛋糕、塔派所沒有的。未來，這個系列的商品將會定位成「HIDEMI SUGINO」的新類型甜點。

聖馬克變奏曲

B加勒比

B-caraïbe

Vanilla Chantilly cream

Banana jelly

Chocolate Chantilly cream with orange

Almond sponge cake

份量　7×3.3cm 44個
＊準備40×30cm、高度4.5cm的方形模1個。

杏仁海綿蛋糕（→P.118）
　—— 42×32cm 3塊

酒糖液　將以下材料混合
- 波美30°糖漿 —— 240g
- 萊姆酒 —— 240g

香草香緹
- 微粒精白砂糖 —— 65g
- 香草糖（→P.24）—— 10g
- 乳霜（→P.43）—— 825g

香蕉果凍
- 片狀明膠 —— 23g
- 萊姆酒 —— 25g
- 香蕉果泥（冷凍狀態下切成1cm丁塊）—— 940g
- 檸檬汁 —— 80g
- 微粒精白砂糖 —— 80g

柑橘巧克力香緹
- 糖漬橙皮碎末（→P.34）—— 45g
- 柑橘風味的黑巧克力（可可56%）—— 340g
- 牛乳 —— 30g
- 轉化糖 —— 25g
- 乳霜 —— 520g

繪圖用
- 黑巧克力（可可56%）—— 40g
- 花生油 —— 15g

淋醬　將以下材料混合
- 鏡面果膠 —— 250g
- 萊姆酒 —— 20g

B-caraibe

Makes forty four 7×3.3-cm rectangle cakes
*40×30-cm, 4.5-cm height rectangular cake ring

3 sheets almond sponge cakes for
42×32-cm baking sheet pan, see page 118

For the syrup
- 240g baume-30° syrup
- 240g rum

Vanilla Chantilly cream
- 65g caster sugar
- 10g vanilla sugar
- 825g whipped heavy cream, see page 44

Banana jelly
- 23g gelatin sheets
- 25g rum
- 940g frozen banana purée, cut into 1-cm cubes
- 80g fresh lemon juice
- 80g caster sugar

Chocolate Chantilly cream with orange
- 45g candied orange peel, chopped finely, see page 34
- 340g dark-orange chocolate, 56% cacao
- 30g whole milk
- 25g invert sugar
- 520g whipped heavy cream

For decorating piping
- 40g dark chocolate, 56% cacao
- 15g peanut oil

For the glaze
- 250g neutral glaze
- 20g rum

柑橘風味的巧克力香緹和香草香緹之間夾著香蕉果凍，口感清爽。
靈感來自聖馬克的夏季甜點。

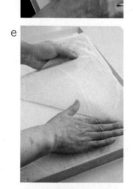

準備海綿蛋糕

1　60×40cm的烘焙紙在距離邊緣42×32cm處摺出摺痕，平舖在60×40cm的烤盤上面（→P.12準備）。參考杏仁海綿蛋糕（→P.12）製作麵糊，把430g的麵糊平舖在摺痕的內側，用手指擦拭烤盤邊緣。以相同方式，把麵糊平舖在3塊烤盤裡面，以基本的方式烘烤，出爐後放涼，直接在黏著烘焙紙的狀態下，利用40×30cm的方形模進行切割。

製作香草香緹

2　把40×30cm的方形模放在OPP膜緊密貼覆的托盤上，冷藏備用（→P.43準備模型用托盤）。

3　香草糖和精白砂糖放進鋼盆裡混合，冷藏備用。

4　用機器打發鮮奶油，把乳霜裝進鋼盆裡。把少量倒進步驟3裡面，用橡膠刮刀充分拌勻後〔a〕，倒回裝有乳霜的鋼盆裡面，一邊轉動鋼盆，一邊切拌均勻。

5　取出步驟2的方形模，倒進步驟4，連同托盤一起往下輕敲，消除縫隙後，用L型抹刀抹平〔b～c〕。用廚房紙巾擦掉方形模邊緣的髒污。放進急速冷凍庫30分鐘左右，確定凝固之後，取出。

6　酒糖液預先分成3等分。在步驟1的其中1片海綿蛋糕的烤色面，用刷子塗上第1次的酒糖液，對齊邊緣，放在步驟5的上方，把烘焙紙撕掉〔d～e〕。用L型抹刀抹平。

＊作業時，只要不把烘烤時的烘焙紙撕掉，海綿蛋糕就不會破裂。

7　把剩下的酒糖液塗抹在步驟6，用L型抹刀按壓抹平，確實讓海綿蛋糕吸收酒糖液〔f～g〕。

8　再次放進冷凍庫。

製作香蕉果凍

9　香蕉果泥容易變色，所以要先和檸檬汁混合，再用IH調理器解凍。接著，倒入砂糖和一半份量的酒，然後用剩下的酒融化明膠，再進行混合，製作出香蕉果凍（→P.37果醬）〔h〕。

10　取出步驟8，把步驟9倒入，抹平後，連同托盤一起往下輕敲〔i～j〕，消除表面的氣泡，然後放進急速冷凍庫凝固。

11　取出步驟10，和步驟6～7相同，鋪上塗抹酒糖液的海綿蛋糕，用L型抹刀抹平，進一步抹上酒糖液，用L型抹刀抹平，讓海綿蛋糕吸收酒糖液。放進急速冷凍庫凝固。

製作柑橘巧克力香緹

12 糖漬橙皮碎末解凍後，放進鋼盆備用。黑巧克力融化調溫至50℃備用。

13 乳霜在製作巧克力香緹之前，用機器打發，放進鋼盆。牛乳放進手鍋，開火加熱。

14 把轉化糖放進融化的巧克力裡面，用打蛋器畫圓攪拌，融化後，加入煮沸的牛乳拌勻成糊狀〔k〕。

15 把少量的步驟14倒進步驟12的糖漬橙皮碎末裡面，用橡膠刮刀充分拌勻〔l〕，變柔軟之後，倒回步驟14的鋼盆。充分畫圓攪拌〔m〕。

16 把份量1/5～1/6的乳霜倒進步驟15裡，充分畫圓攪拌〔n〕。拌勻後，隔水加熱，一邊攪拌溫熱至35～36℃。加溫結束後就是呈現如〔o〕狀態。

17 把步驟16當中的一半份量倒進乳霜的鋼盆裡，持續畫圓攪拌直到顏色變得均勻〔p～q〕。和冷卻的鮮奶油混合後，巧克力會變得緊密，所以接下來要快速攪拌。

18 把步驟17的少量倒進步驟16剩餘的巧克力裡，用橡膠刮刀快速畫圓攪拌，倒回步驟17〔r～s〕。一邊旋轉鋼盆，一邊用打蛋器切拌，最後用橡膠刮刀從底部均勻翻拌，避免有半點殘留，同時把邊緣刮乾淨。

19 取出步驟11，倒進步驟18的巧克力香緹，用L型抹刀抹平〔t〕。

20 重覆步驟6～7的作業，把抹了酒糖液的海綿蛋糕重疊在步驟19上面，用托盤按壓，再進一步抹上酒糖液。和慕斯的步驟相同，緊密平鋪上OPP膜之後，用托盤按壓（→P.43冷凍之前），放進冷凍庫，確實凝固，直接保存。

最後加工

21 把繪圖用的巧克力切碎，放進鋼盆，隔水加熱融化，倒入花生油拌勻。

22 取出步驟20，用托盤夾住，翻面，撕掉OPP膜。把步驟21的巧克力沾在直徑1cm左右的筆上面，在蛋糕表面按壓出圖案。

23 把萊姆酒和鏡面果膠混合而成的淋醬，淋在步驟22上面，用抹刀抹平，用廚房紙巾把模型擦乾淨，再次放進冷凍庫，使淋醬凝固。

24 取出步驟23，用瓦斯槍加熱，脫膜。用加熱的鋸齒刀切除邊緣，修整完成後，切成7×3.3cm（→P.129熱帶的步驟19）。排放在托盤後，蓋上蓋子，放進冷凍庫確實凝固保存。

25 移到冷藏，解凍。

艾蓮娜
Héléne

Vanilla Chantilly cream

Pear jelly

Chocolate Chantilly cream with fig

Almond sponge cake

份量　7×3.3cm 44個
＊準備40×30cm、高度4.5cm的方形模1個。

杏仁海綿蛋糕（→P.118）
　　── 42×32cm 3塊

酒糖液　將以下材料混合
[波美30°糖漿 ── 155g
　洋梨白蘭地 ── 255g
　紅酒煮無花果乾（→P.39）
　　── 過濾後，260g

香草香緹
[微粒精白砂糖 ── 60g
　香草糖（→P.24）── 10g
　乳霜（→P.43）── 785g

洋梨果凍
[片狀明膠 ── 22g
　洋梨白蘭地 ── 65g
　洋梨果泥（冷凍狀態下切成1cm丁塊）── 900g
　檸檬汁 ── 45g
　微粒精白砂糖 ── 80g

無花果巧克力香緹
[紅酒煮無花果乾的果肉 ── 140g
　黑巧克力（可可64%）── 325g
　牛乳 ── 30g
　轉化糖 ── 25g
　乳霜 ── 495g

繪圖用
[鏡面果膠 ── 50g
　紅酒煮無花果乾 ── 過濾後75g

淋醬　將以下材料混合
[鏡面果膠 ── 250g
　洋梨白蘭地 ── 15g

Héléne

Makes forty four 7×3.3-cm rectangle cakes
*40×30-cm, 4.5-cm height rectangular cake ring

3 sheets almond sponge cakes for
42×32-cm baking sheet pan, see page 118

For the syrup
[155g baume30° syrup
　255g pear eau-de-vie (pear brandy)
　260g syrup for red wine poached dried figs,
　strained, see page 39

Vanilla Chantilly cream
[60g caster sugar
　10g vanilla sugar, see page 24
　785g whipped heavy cream, see page 44

Pear jelly
[22g gelatin sheets, soaked in ice-water
　65g pear eau-de-vie (pear brandy)
　900g frozen pear purée, cut into 1-cm cubes
　45g fresh lemon juice
　80g caster sugar

Chocolate Chantilly cream with fig
[140g red wine poached dried figs
　325g dark chocolate, 64% cacao
　30g whole milk
　25g invert sugar
　495g whipped heavy cream

For decorating piping
[50g neutral glaze
　75g syrup for red wine poached dried figs, strained

For the glaze
[250g neutral glaze
　15g pear eau-de-vie (pear brandy)

顆粒狀的無花果和柔滑的香草奶油形成驚人的強烈對比，
充滿芳醇紅酒香氣的無花果和巧克力的風味，使洋梨的酸味更加鮮明。

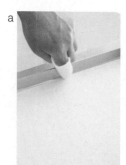
a

b

c

d

e

f

g

h

i

j

準備海綿蛋糕

1 利用與B加勒比步驟1（→P.110）相同的方式，準備海綿蛋糕。

製作香草香緹

2 把40×30cm的方形模放在OPP膜緊密貼覆的托盤上，冷藏備用（→P.43準備模型用托盤）。

3 參考B加勒比的步驟3～5（→P.110），以相同的方式製作香草香緹，倒進步驟2的方形模裡面，用廚房紙巾擦掉方形模邊緣的髒污〔a〕，放進冷凍庫冷凍30分鐘。確定凝固後，取出。
＊亦可放進急速冷凍庫，直到表面確實凝固為止。

4 紅酒煮無花果乾過濾後，把過濾的汁液和其他材料混合在一起，製作成酒糖液，分成3等分，放進各不相同的鋼盆備用。用刷子把第1次的酒糖液確實塗抹在步驟1的海綿蛋糕的烤色面，烤色面朝下，對齊邊緣，放在步驟3上面，撕掉烘焙紙〔b～c〕。用L型抹刀均勻抹平海綿蛋糕。
＊作業時，只要不把烘烤時的烘焙紙撕掉，海綿蛋糕就不會破裂。

5 把剩餘的酒糖液塗抹於步驟4，用L型抹刀按壓抹平，讓海綿蛋糕確實吸收酒糖液〔d～e〕。

6 再次放進冷凍庫，直到凝固為止。

製作洋梨果凍

7 冷凍的洋梨果泥裹上檸檬汁後，解凍，倒進砂糖和一半份量的酒，然後用另一半的酒融化明膠，再進行混合，製作出洋梨果凍（→P.37果醬）。

8 取出步驟6，把步驟7倒入，抹平後，連同托盤一起往下輕敲〔f～g〕，消除表面的氣泡，然後放進冷凍庫或急速冷凍庫確實凝固。

9 取出步驟8，和步驟4～5相同，鋪上塗抹酒糖液的海綿蛋糕，用L型抹刀抹平，進一步抹上酒糖液，用L型抹刀抹平，讓海綿蛋糕吸收酒糖液。放進冷凍庫凝固。

製作無花果巧克力香緹

10 用食物調理機把紅酒煮無花果攪拌成糊狀，放進鋼盆備用。黑巧克力融化調溫至50℃備用。

11 乳霜在製作巧克力香緹之前，用機器打發，放進鋼盆。牛乳放進手鍋，開火加熱。

12 把轉化糖放進步驟10融化的巧克力裡面，用打蛋器畫圓攪拌。融化後，倒入煮沸的牛乳攪拌成糊狀〔h〕。

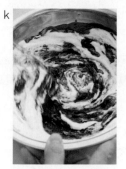

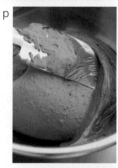
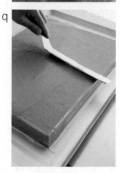

13 把少量的步驟12倒進步驟10的紅酒煮無花果乾裡面〔i〕，充分攪拌變軟後，倒回步驟12裡面。充分畫圓攪拌〔j〕。

14 在步驟13加入少量的乳霜，充分畫圓攪拌〔k〕。拌勻後，隔水加熱，一邊攪拌溫熱至35℃。加溫結束後就是呈現如〔l〕狀態。

15 把步驟14的一半份量倒進乳霜的鋼盆裡，持續畫圓攪拌直到顏色變得均勻〔m〕。和冷卻的鮮奶油混合後，巧克力會變得緊密，所以接下來要快速攪拌。

16 把步驟15的1/5倒進步驟14剩餘的巧克力裡面，用橡膠刮刀快速畫圓攪拌，倒回步驟15裡面〔n～o〕。一邊旋轉鋼盆，一邊用打蛋器切拌，最後用橡膠刮刀從底部均勻翻拌，避免有半點殘留，同時把邊緣刮乾淨〔p〕。

17 取出步驟9，倒進步驟16的巧克力香緹，用L型抹刀抹平〔q〕。

18 重覆步驟4～5的作業，把抹了酒糖液的海綿蛋糕重疊在步驟17上面，用托盤按壓，再進一步抹上酒糖液〔r〕，用L型抹刀抹平。和慕斯的步驟相同，緊密平鋪上OPP膜之後，用托盤按壓（→P.43冷凍之前），放進冷凍庫，確實凝固，直接保存。

最後加工

19 取出步驟18，用托盤夾住，翻面，撕掉OPP膜。淋上淋醬，用抹刀抹平，用廚房紙巾把模型擦乾淨，再次放進冷凍庫，使淋醬凝固。

20 取出步驟19，用瓦斯槍加熱，脫膜。用加熱的鋸齒刀切除邊緣，修整完成後，切成7×3.3cm（→P.129熱帶的步驟19）。排放在托盤後，蓋上蓋子，放進冷凍庫確實凝固。

21 繪圖用的紅酒煮無花果乾預先過濾備用，其中的25g和鏡面果膠50g混合，一起冷藏備用。

22 取出步驟20，首先，用口徑4mm的圓形花嘴，擠出步驟21和果膠混合的材料。接著，用口徑2.5mm的圓形花嘴，在稍微挪移的位置，擠出紅酒煮無花果過濾後的剩餘材料，繪製成圖案。連同托盤一起放進冷凍庫保存。

23 移到冷藏，解凍。

奶霜蛋糕更輕盈、更美味

　　在我還很小的時候，奶油霜是甜點的主流，而鮮奶油蛋糕則是相當昂貴的甜點。那是個使用人造奶油，導致口感變差，使民眾對奶油霜沒什麼好感的世代。另外，見習的時候，奶油霜幾乎都是由打發的奶油和義式蛋白霜混合製成，口感也不太好，並不會覺得特別美味。

・在法國與美味的奶油霜邂逅

　　可是，我在法國吃到的奶油霜，則是以安格列斯醬為基底，味道相當的豐富。真的很感激第一次吃到的草莓口味的巴葛蒂爾（Bagatelle；代表春天的甜點）和芙連（Fraisier；法式草莓蛋糕）。草莓的酸味，搭上用酒製成的乳霜狀奶油霜，那種味道上的完美契合，著實令我震驚。

　　在製作奶霜蛋糕的時候，我一直希望能製作出入口即化，完全感受不到奶油硬度的口感。我希望所製作出的奶油霜，能有符合現代人需求的輕盈口感，同時又能感受到素材的濕潤，今天我終於辦到了。奶油霜有以炸彈麵糊等作為基底的各種做法，而我則是採用水分較多的安格列斯醬基底，同時也會添加果汁。

・增加層數，口感更輕盈

　　在2001年（神戶時代）之前，我製作的奶霜蛋糕是把添加了果泥的那一層加厚，海綿蛋糕、奶油醬也採用3層之多（→左下照片）。可是，自己吃了之後，卻覺得口感相當沉重。於是便為了使口感更加輕盈、更加美味而持續改良。

　　我把奶油醬所使用的奶油確實打發，然後也盡可能地增加了果汁。同時也會適度添加洋酒，並且用切拌的方式加入義式蛋白霜，盡可能地避免壓迫氣泡。

　　甚至，我還縮減了奶油霜的厚度。即便是相同份量的奶油醬，仍會因為厚度的差異，而呈現出不同的口感。另外，嘴巴先接觸到的是奶油醬？還是海綿蛋糕？也會造成大不相同的印象。奶油醬薄化後，採用4層，海綿蛋糕則採用3層。

　　另外，我還在正中央加了果凍，藉此增添整體的新鮮感。製作出明明是奶油霜，卻沒有半點奶油厚重感的奶油醬，於是便成了現在的形式。

　　覆盆子（→P.118）是我製作的第一個奶霜蛋糕，而在進一步精進，能夠表現出輕盈味道之後，更多不同的奶霜蛋糕也就隨之誕生了。

奶霜蛋糕

覆盆子
Framboisier

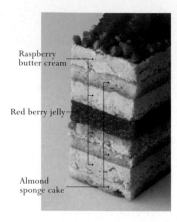

Raspberry butter cream

Red berry jelly

Almond sponge cake

份量　8.7×2.8cm 56個
＊準備40×30cm、高度4.5cm的方形模1個。

杏仁海綿蛋糕　42×32cm 3塊
```
┌ 杏仁粉 —— 180g
│ 糖粉 —— 180g
│ 蛋黃 —— 155g
└ 蛋白 —— 100g
・蛋白霜
┌ 蛋白 —— 360g
└ 微粒精白砂糖 —— 215g
 低筋麵粉 —— 155g
```

酒糖液　使用前混合
```
┌ 覆盆子果泥
│ 　（切成1cm丁塊後，解凍）—— 165g
│ 波美30°糖漿 —— 100g
│ 覆盆子白蘭地 —— 140g
└ 水 —— 100g
```

莓果果凍
```
┌ 片狀明膠 —— 17g
│ 覆盆子白蘭地 —— 25g
│ 覆盆子果泥
│ 　（冷凍狀態下切成1cm丁塊）—— 340g
│ 紅醋栗果泥
│ 　（冷凍狀態下切成1cm丁塊）—— 340g
│ 檸檬汁 —— 35g
└ 微粒精白砂糖 —— 100g
```

覆盆子奶油霜
```
┌ ・安格列斯醬
│ ┌ 牛乳 —— 210g
│ │ 香草棒 —— 1/2根
│ │ 微粒精白砂糖 —— 220g
│ └ 蛋黃 —— 215g
│ 奶油（恢復至常溫）—— 695g
│ 覆盆子果泥
│ 　（切成1cm丁塊後，解凍）—— 380g
│ ・義式蛋白霜
│ ┌ 蛋白 —— 95g
│ │ 精白砂糖 —— 145g
└ └ 水 —— 35g
```

裝飾
```
┌ 脆皮覆盆子（→P.30）—— 適量
│ 紅醋栗果醬（→P.37果醬）—— 適量
└ 覆盆子（切半）—— 適量
```

Framboisier (Raspberry bush)

Makes fifty six 8.7×2.8-cm rectangle cakes
*40×30-cm, 4.5-cm height rectangular cake ring

3 sheets almond sponge cakes for 42×32-cm
baking sheet pan
```
┌ 180g almond flour
│ 180g confectioners' sugar
│ 155g egg yolks
└ 100g egg whites
・Meringue
┌ 360g egg whites
└ 215g caster sugar
 155g all-purpose flour
```

For the syrup
```
┌ 165g frozen unsweetened raspberry purée,
│ cut into 1-cm cubes, and defrost
│ 100g baume-30° syrup
│ 140g raspberry eau-de-vie (raspberry brandy)
└ 100g water
```

Red fruits jelly
```
┌ 17g gelatin sheets, soaked in ice-water
│ 25g raspberry eau-de-vie (raspberry brandy)
│ 340g frozen unsweetened raspberry purée,
│ cut into 1-cm cubes
│ 340g frozen redcurrant purée,
│ cut into 1-cm cubes
│ 35g fresh lemon juice
└ 100g caster sugar
```

Raspberry butter cream
```
┌ ・Anglaise sauce
│ ┌ 210g whole milk
│ │ 1/2 vanilla bean
│ │ 220g caster sugar
│ └ 215g egg yolks
│ 695g unsalted butter, at room temperature
│ 380g frozen unsweetened raspberry purée,
│ cut into 1-cm cubes, and defrost
│ ・Italian meringue
│ ┌ 95g egg whites
│ │ 145g granulated sugar
└ └ 35g water
```

For décor
```
┌ raspberry praline bits, see page30
│ redcurrant jam, see page37
└ raspberries halves
```

添加酸甜的果汁，製作出水嫩水果風味的奶油霜，
紅莓果凍的酸味，讓輕盈的奶油霜更顯清爽。

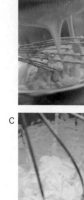
a

b

c

d

e

f

g

h

i

j

製作莓果果凍

1　把40×30cm的方形模放在OPP膜緊密貼覆的托盤上，冷藏備用（→P.43準備模型用托盤）。

2　把砂糖和一半份量的酒放進融化的果泥裡面拌勻，用另一半的酒融化明膠，然後將兩者混合，製作出莓果果凍（→P.37果醬）。

3　取出步驟1，把步驟2倒入，抹平後，放進急速冷凍庫凝固。

4　凝固後，取出步驟3，用瓦斯槍加熱模型周圍，脫模。用菜刀切掉邊緣約5mm左右的厚度，使尺寸縮小一圈後，放置在托盤，蓋上蓋子，放進冷凍庫備用。≡1

準備海綿蛋糕

5　60×40cm的烘焙紙在距離邊緣42×32cm處摺出摺痕，平鋪在60×40cm的烤盤上面（→P.12準備）。參考杏仁海綿蛋糕（→P.12）製作麵糊，把430g的麵糊平鋪在摺痕的內側，用手指擦拭烤盤邊緣。共計平鋪在3塊烤盤裡面，以基本的方式烘烤，出爐後放涼，直接在黏著烘焙紙的狀態下，利用40×30cm的方形模進行切割。

製作覆盆子奶油霜

6　把40×30cm的方形模放在OPP膜緊密貼覆的托盤上面。

7　烹煮安格列斯醬，過濾（→P.26），隔著冰水冷卻至35～36℃〔a～b〕。

8　配合步驟7的製作進度，把奶油打發至剛剛好的程度〔c〕，然後把步驟7分3次加入〔d〕，用中高速攪拌（→P.27奶油霜步驟2～4）。

9　用IH調理器解凍果泥，將溫度調整成20℃左右，分3次倒進步驟8裡面，一邊攪拌〔e〕。倒進鋼盆。

10　配合製作進度，製作義式蛋白霜，放涼（→P.44果泥慕斯的步驟4～6），倒進步驟9裡面切拌，最後用橡膠刮刀從側面和底部翻拌，避免有任何殘留〔f〕。

11　把步驟10的1/3份量（450～460g）倒進步驟6的方形模裡面，為了更容易鋪平，先用橡膠刮刀撈放在各處，再用L型抹刀鋪平〔g～h〕。

12　酒糖液分成3等分，預先放進各個小鋼盆。用刷子確實把1次量的酒糖液塗抹在步驟5的海綿蛋糕的烤色面，塗抹面朝下，對齊邊緣，放在步驟11上面，撕掉烘焙紙〔i～j〕。用L型抹刀按壓抹平，消除縫隙。

＊作業時，只要不把烘烤時的烘焙紙撕掉，海綿蛋糕就不會破裂。

13 用刷子塗抹上第1次剩餘的酒糖液，用L型抹刀抹平，確實讓海綿蛋糕吸收〔k～l〕。用廚房紙巾把方形模內側的髒污擦乾淨〔m〕。≣2

14 把步驟13放進冷凍庫冷凍5～6分鐘，確定凝固後，取出。≣3

15 重覆與步驟11相同的作業，把奶油霜抹開。再次放進冷凍庫冷凍5～6分鐘，確定凝固後，取出。≣3

16 把步驟4的莓果果凍取出，把平坦面朝下，對齊邊緣，精準入模〔n〕。用L型抹刀抹平，讓果凍與下方的奶油霜緊密貼合〔o〕。

17 進一步重覆2次步驟11～13的作業〔p～q〕，依照奶油霜、海綿蛋糕的順序，各重疊上2層。由下往上依序為奶油霜、海綿蛋糕、奶油霜、果凍，然後接著是奶油霜、海綿蛋糕、奶油霜（海綿蛋糕3層、奶油霜4層）。

18 和慕斯一樣，緊密貼合OPP膜之後，用托盤按壓（→P.43冷凍之前）〔r～s〕。在沒有打開開關的情況下，放進急速冷凍庫2小時（中途經過1小時之後，轉換方向），之後再急速凝固30分鐘。

＊這種狀態的話，不會凝固太硬，比較好切。

19 步驟18用托盤夾住，翻面，撕掉OPP膜，把佩蒂小刀插進蛋糕的周圍，脫膜。用加熱的鋸齒刀切掉邊緣，修整完成後，切成8.7×2.8cm的大小（→P.129熱帶的步驟19）。排放在托盤上，蓋上蓋子，放進冷凍庫保存。

最後加工

20 把步驟19移放到冷藏，進行半解凍。為避免脆皮覆盆子沾到濕氣，用廚房紙巾把步驟19上面的水滴擦乾。

21 把脆皮覆盆子鋪在上面，用抹刀等道具往下按壓。切半的覆盆子就先在下方沾上紅醋栗果凍，然後再進行裝飾。

≣1 果凍切小一個尺寸，就可以讓奶油霜滲入果凍和模型之間，使彼此更加緊密，果凍就不容易滑動。

≣2 海綿蛋糕的表面如果有水分殘留，奶油霜或果凍的分層就會滑動。所以要用抹刀抹平酒糖液，讓海綿蛋糕充分吸收酒糖液。

≣3 剛製作好的奶油霜十分柔軟，放上較重的果凍之後，容易導致傾斜。所以剛擺放的海綿蛋糕、奶油霜要各別凝固，避免之後疊上的果凍挪動。放上果凍之後，整體就不會滑動，就可以直接作業，不需要放進冷凍庫。

紫水晶
Améthyste

Green apple
butter cream

Blackcurrant
butter cream

Green apple jelly

Almond
sponge cake

份量　8.7×2.8cm 56個
＊準備40×30cm、高度4.5cm的方形模1個。

杏仁海綿蛋糕（→P.118）──── 42×32cm 3塊

酒糖液　將以下材料混合
┌ 波美30°糖漿 ──── 190g
│ 蘋果白蘭地 ──── 190g
└ 水 ──── 135g

青蘋果果凍
┌ 片狀明膠 ──── 15g
│ Get 27（薄荷酒）──── 35g
│ 青蘋果果泥（冷凍狀態下切成1cm丁塊）──── 685g
│ 檸檬汁 ──── 95g
└ 微粒精白砂糖 ──── 70g

奶油霜
　┌ ・安格列斯醬
　│　┌ 牛乳 ──── 215g
　│　│ 香草棒 ──── 1/2根
　│　│ 微粒精白砂糖 ──── 220g
　│　└ 蛋黃 ──── 215g
　└ 奶油（恢復至常溫）──── 710g

義式蛋白霜
┌ 蛋白 ──── 105g
│ 精白砂糖 ──── 155g
└ 水 ──── 40g

青蘋果奶油霜
┌ 奶油霜（→上述）──── 805g
│ 青蘋果果泥（切成1cm丁塊後，解凍）──── 240g
│ Get 27 ──── 25g
│ 蘋果白蘭地 ──── 35g
└ 義式蛋白霜（→上述）──── 155g

黑醋栗奶油霜
┌ 奶油霜（→上述）──── 485g
│ 黑醋栗果泥（切成1cm丁塊後，解凍）──── 145g
│ 黑醋栗香甜酒 ──── 35g
└ 義式蛋白霜（→上述）──── 90g

繪圖用
┌ 鏡面果膠 ──── 25g
│ 黑醋栗果醬（→P.37果醬）──── 25g
│ 黑醋栗香甜酒 ──── 10g
└ 義大利香醋 ──── 5g

淋醬　將以下材料混合
┌ 鏡面果膠 ──── 250g
└ Get 27 ──── 15g

裝飾
┌ 蘋果乾（→P.38）──── 基本分量、1塊／1個
│ 法式水果軟糖（黑醋栗→P.40）
└ ──── 1/4塊／1個

Améthyste

Makes fifty six 8.7×2.8-cm rectangle cakes
*40×30-cm, 4.5-cm height rectangular cake ring

3 sheets almond sponge cakes for
42×32-cm baking sheet pan,
see page118 "Framboisier"

For the syrup
┌ 190g baume-30° syrup
│ 190g calvados
└ 135g water

Green apple jelly
┌ 15g gelatin sheets, soaked in ice-water
│ 35g Get27 (mint liqueur)
│ 685g frozen green apple purée,
│ cut into 1-cm cubes
│ 95g fresh lemon juice
└ 70g caster sugar

Butter cream
┌ ・Anglaise sauce
│　┌ 215g whole milk
│　│ 1/2 vanilla bean
│　│ 220g caster sugar
│　└ 215g egg yolks
└ 710g unsalted butter, at room temperature

Italian meringue
┌ 105g egg whites
│ 155g granulated sugar
└ 40g water

Green apple butter cream
┌ 805g butter cream, see above
│ 240g frozen green apple purée,
│ cut into 1-cm cubes, and defrost
│ 25g Get27
│ 35g calvados
└ 155g italian meringue, see above

Blackcurrant butter cream
┌ 485g butter cream, see above
│ 145g frozen blackcurrant purée,
│ cut into 1cm cubes, and defrost
│ 35g crème de cassis (blackcurrant liqueur)
└ 90g italian meringue, see above

For decorating piping
┌ 25g neutral glaze
│ 25g blackcurrant jam, see page37
│ 10g crème de cassis (blackcurrant liqueur)
└ 5g balsamic vinegar

For the glaze
┌ 250g neutral glaze
└ 15g Get27

For décor
┌ 1 dehydrated apple for 1 cake, see page38
│ 1/4 piece (1.5-cm cube) blackcurrant jelly candies
└ for 1 cake, see page40

奶霜蛋糕

122

青蘋果果凍的鮮嫩酸味和蘋果白蘭地的香氣，
讓黑醋栗與青蘋果的奶油霜更顯溫和，使人感受到諾曼第的「微風」。

a

b

c

d

e

f

g

h

i

j

製作青蘋果果凍

1 把40×30cm的方形模放在OPP膜緊密貼覆的托盤上，冷藏備用（→P.43準備模型用托盤）。

2 製作青蘋果果凍（→P.37果醬），倒進步驟1裡面，抹平後，放進急速冷凍庫凝固。

3 凝固後，取出步驟2，用瓦斯槍加熱模型周圍，脫模。用菜刀切掉邊緣約5mm左右的厚度，使尺寸縮小一圈後，放置在托盤，蓋上蓋子，放進冷凍庫備用。

準備海綿蛋糕

4 和覆盆子（→P.120）的步驟5相同，準備烘焙紙，烘烤出3塊42×32cm的杏仁海綿蛋糕，出爐後放涼，利用40×30cm的方形模進行切割。

製作2種奶油霜

5 把40×30cm的方形模放在OPP膜緊密貼覆的托盤上面。

6 以同步進行的方式，製作2種安格列斯醬的奶油霜。首先，烹煮安格列斯醬，過濾（→P.26），隔著冰水冷卻至35～36℃〔a～b〕。

7 配合步驟6的製作進度，把奶油打發至剛剛好的程度〔c〕，把步驟6分3次加入〔d〕，用中高速攪拌（→P.27奶油霜步驟2～4）。

8 把步驟7分成805g和485g，分別放進不同的攪拌盆。

9 用IH調理器把2種果泥解凍，分別將溫度調整成20～22℃。青蘋果的果泥放進805g的鋼盆，黑醋栗的果泥放進485g的鋼盆，各自都分3次加入，一邊用中高速攪拌〔e～f〕。拌勻後，分別倒進不同的鋼盆。

10 配合步驟9的製作進度，打發義式蛋白霜，在鋼盆裡面攤開放涼（→P.44果泥慕斯的步驟4～6），青蘋果基底的那一邊加入155g，黑醋栗基底則加入90g，分別切拌均勻〔g〕。

11 把步驟10的青蘋果奶油霜（一半份量）倒進步驟5的方形模裡面，用L型抹刀鋪平〔h～i〕。

12 酒糖液分成3等分。用刷子確實把第1次的酒糖液塗抹在步驟4的海綿蛋糕上面。將塗抹面朝下，對齊邊緣，放在步驟11上面，撕掉烘焙紙〔j〕。用L型抹刀按壓抹平，消除縫隙〔k〕。用刷子塗抹上第1次剩餘的酒糖液〔l〕，用L型抹刀抹平，確實讓海綿蛋糕吸收。用廚房紙巾把方形模內側的髒污擦乾淨。

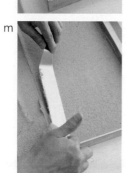

13 把步驟12放進冷凍庫5～6分鐘，確定凝固後，取出。

14 利用與步驟11相同的要領，把黑醋栗奶油霜的一半份量（約370g）抹開〔m〕。

15 再次放進冷凍庫冷凍5～6分鐘，確定凝固後，取出。

16 把步驟3的青蘋果果凍取出，平坦面朝下，對齊邊緣，入模〔n〕。用L型抹刀抹平，讓果凍與下方的奶油霜緊密貼合〔o〕。

17 接著，與步驟14相同，塗抹上剩餘的黑醋栗奶油霜〔p〕。

18 重覆步驟12（海綿蛋糕）→步驟11（青蘋果奶油霜）→步驟12的作業〔q～r〕。由下往上，各層分別為青蘋果奶油霜、海綿蛋糕、黑醋栗奶油霜、果凍，然後是黑醋栗奶油霜、海綿蛋糕、青蘋果奶油霜、海綿蛋糕。

19 緊密貼合OPP膜之後，用托盤按壓（→P.43冷凍之前）。在沒有打開開關的情況下，放進急速冷凍庫2小時（中途經過1小時之後，轉換方向），之後急速凝固30分鐘。

20 取出步驟19，用托盤夾住，翻面，把上面的OPP膜撕掉。淋上淋醬，用抹刀抹平〔s〕。

21 把佩蒂小刀插進蛋糕的周圍，脫膜。用加熱的鋸齒刀切掉邊緣，修整完成後，切成8.7×2.8cm的大小（→P.129熱帶的步驟19）。

22 把步驟21排放在貼有OPP膜的托盤上面，蓋上蓋子，放進冷凍庫凝固保存。

最後加工

23 取出步驟22。把繪圖用的材料混合，用佩蒂小刀沾著材料，輕壓在蛋糕上面，往內拖曳，繪製出花紋〔t〕。放進冷凍庫，使花紋部分確實凝固。

24 把步驟23移放到冷藏，進行半解凍。裝飾上灑滿大量Raftisnow（份量外）的蘋果乾和黑醋栗的法式水果軟糖。

熱帶
Tropique

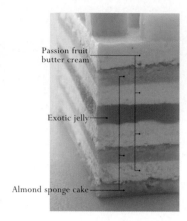

Passion fruit
butter cream

Exotic jelly

Almond sponge cake

份量　8.7×2.8cm 56個
＊準備40×30cm、高度4.5cm的方形模1個。

杏仁海綿蛋糕（→P.118）
　　──42×32cm 3塊

酒糖液　使用前混合
[百香果果泥
　　（切成1cm丁塊後，解凍）── 125g
　波美30°糖漿── 210g
　百香果甜露酒── 125g
　水── 40g

異國風味果凍
[片狀明膠── 15g
　百香果甜露酒── 25g
　百香果果泥
　　（冷凍狀態下切成1cm丁塊）── 280g
　芒果果泥
　　（冷凍狀態下切成1cm丁塊）── 280g
　芒果濃縮果泥
　　（冷凍狀態下切成1cm丁塊）── 115g
　微粒精白砂糖── 60g

百香果奶油霜
[・果泥安格列斯醬
　[百香果果泥A
　　（冷凍狀態下切成1cm丁塊）── 245g
　　香草棒── 7/10根
　　微粒精白砂糖── 170g
　　蛋黃── 245g
　　百香果果泥B
　　（冷凍狀態下切成1cm丁塊）── 285g
　奶油（恢復至常溫）── 800g
　・義式蛋白霜
　[蛋白── 110g
　　精白砂糖── 165g
　　水── 40g

裝飾
[鳳梨── 1cm丁塊4塊／1個
　芒果── 1cm丁塊4塊／1個
　・芒果用鏡面果膠
　[Royal Nap── 30g
　　Jelfix── 30g
　　水── 20g
　　＊Royal Nap是添加杏桃果肉的鏡面果膠；
　　　Jelfix則是鏡面果膠用的杏桃果醬。

Makes fifty six 8.7×2.8-cm rectangle cakes
*40×30-cm, 4.5-cm height
rectangular cake ring

3 sheets almond sponge cakes for
42×32-cm baking sheet pan,
see page118 "Framboisier"

For the syrup
[125g frozen passion fruit purée,
　cut into 1-cm cubes, and defrost
　210g baume-30° syrup
　125g passion fruit liqueur
　40g water

Exotic jelly
[15g gelatin sheets, soaked in ice-water
　25g passion fruit liqueur
　280g frozen passion fruit purée,
　cut into 1-cm cubes
　280g frozen mango purée,
　cut into 1-cm cubes
　115g frozen spicy mango purée,
　cut into 1-cm cubes
　60g caster sugar

Passion fruit butter cream
[・Anglaise sauce with passion fruit purée
　[245g frozen passion fruit purée A,
　　cut into 1-cm cubes
　　7/10 vanilla bean
　　170g caster sugar
　　245g egg yolks
　　285g frozen passion fruit purée B,
　　cut into 1-cm cubes
　800g unsalted butter, at room temperature
　・Italian meringue
　[110g egg whites
　　165g granulated sugar
　　40g water

For décor
[4 pieces pineapple 1-cm cubes for 1 cake
　4 pieces mango 1-cm cubes for 1 cake
　・Glaze for mango
　[30g Royal nap apricot
　　30g Geléefix
　　20g water
　　*Royal nap is glaze with apricot pulp,
　　Geléefix is apricot jam for the glaze

在盛夏裡，想讓味蕾充分感受到美味的奶霜蛋糕，因此構思出的甜點。
加了大量百香果果汁的奶油霜和熱帶的果凍增添清爽。

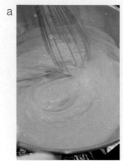

製作異國風味果凍

1 把40×30cm的方形模放在OPP膜緊密貼覆的托盤上，冷藏備用（→P.43準備模型用托盤）。

2 把3種果泥解凍，混合在一起，製作異國風味果凍（→P.37果凍），倒進步驟1裡面，放進急速冷凍庫凝固。

3 凝固後，取出步驟2，用瓦斯槍加熱模型周圍，脫模。用菜刀切掉邊緣約5mm左右的厚度，使尺寸縮小一圈後，放置在托盤，蓋上蓋子，放進冷凍庫備用。

準備海綿蛋糕

4 和覆盆子（→P.120）的步驟5相同，準備烘焙紙，烘烤出3塊42×32cm的杏仁海綿蛋糕，出爐後放涼，依照40×30cm的方形模進行切割。

製作百香果奶油霜

5 把40×30cm的方形模放在OPP膜緊密貼覆的托盤上面。

6 使用果泥烹煮安格列斯醬，製作百香果奶油霜（→P.28）。把百香果果泥A融化，加入香草種籽和一半份量的砂糖，烹煮果泥安格列斯醬，過濾到鋼盆〔a～b〕。

7 馬上加入一半份量的果泥B拌勻，使溫度下降〔c〕。接著，把剩下的果泥B混入，把溫度調整為26～27℃〔d〕。

8 參考奶油霜的步驟2～7（→P.27），把步驟7倒進打發的奶油裡面，接著倒入義式蛋白霜拌勻〔e～f〕。

9 用橡膠刮刀把步驟8的奶油霜當中的445g，放置在步驟5的各處，用L型抹刀抹平〔g～h〕。

10 酒糖液分成3等分。用刷子確實把第1次的酒糖液塗抹在步驟4的海綿蛋糕上面〔i〕。將塗抹面朝下，對齊邊緣，放在步驟9上面，撕掉烘焙紙，再用L型抹刀按壓抹平，消除縫隙〔j〕。塗抹上第1次剩餘的酒糖液〔k〕，再次用L型抹刀抹平，讓海綿蛋糕吸收。用廚房紙巾把方形模內側的髒污擦乾淨。

11 把步驟10放進冷凍庫5～6分鐘，確定凝固後，取出。

12 把剩餘的奶油霜分成3等分（1次的用量約495g），再利用與步驟9相同的要領塗抹分層。

k

l

m

n

o

p

q

r

13 再次放進冷凍庫5～6分鐘，確定凝固後，取出。

14 把步驟3的異國風味果凍取出，讓平坦面朝下，對齊邊緣，入模〔l〕。用L型抹刀抹平，讓海綿蛋糕和下方的奶油霜密合〔m〕。

15 與步驟9相同，進一步把剩餘的奶油霜塗抹分層。

16 重覆步驟10（海綿蛋糕）→步驟12（奶油霜）→步驟10的作業。由下往上，各層分別為奶油霜、海綿蛋糕、奶油霜、果凍，然後是奶油霜、海綿蛋糕、奶油霜、海綿蛋糕。

17 緊密貼合OPP膜之後，用托盤按壓（→P.43冷凍之前）。在沒有打開開關的情況下，放進急速冷凍庫2小時（中途經過1小時之後，轉換方向），之後急速凝固30分鐘。

18 把托盤放在步驟17上面，夾住之後，翻面，把上面的OPP膜撕掉〔n〕。

19 把佩蒂小刀插進蛋糕的周圍，脫膜〔o〕。用加熱的鋸齒刀切掉邊緣，並加上標記，切成8.7×2.8cm的大小〔p～q〕。

20 把步驟19排放在鋪有OPP膜的托盤上面〔r〕，蓋上蓋子，放進冷凍庫凝固保存。

最後加工

21 把步驟20移放到冷藏，進行半解凍。用廚房紙巾擦乾水滴。把芒果用的鏡面果膠材料放進手鍋拌勻，加熱融化，烹調成容易塗抹的硬度。用刷子只塗抹在芒果部分。分別裝飾上4個芒果和4個鳳梨。

＊鏡面果膠用來防止芒果變乾燥。

詳細重點參考P.118覆盆子。

千尋
Mrs.Chihiro

Strawberry butter cream
Mint sponge cake
Mint butter cream
Strawberry and mint jelly

份量　8.7×2.8cm 56個
＊準備40×30cm、高度4.5cm的方形模1個。

薄荷海綿蛋糕
- ・杏仁海綿蛋糕
  　　── 42×32cm 3塊
  - 杏仁粉 ── 180g
  - 糖粉 ── 180g
  - 蛋黃 ── 155g
  - 蛋白 ── 100g
- ・薄荷香草醬　以下取50g使用
  - 加拿大薄荷葉 ── 20g
  - 檸檬汁 ── 5g
  - EXV橄欖油 ── 35g
- ・蛋白霜
  - 蛋白 ── 360g
  - 微粒精白砂糖 ── 215g
- 低筋麵粉 ── 155g

酒糖液　將以下材料混合
- 波美30°糖漿 ── 180g
- Get 27（薄荷酒）── 105g
- 櫻桃酒 ── 125g
- 水 ── 105g

草莓薄荷果凍
- 片狀明膠 ── 15g
- 櫻桃酒 ── 20g
- 草莓果泥（品種：Senga Sengana，加糖。
  冷凍狀態下切成1cm丁塊）── 650g
- 加拿大薄荷葉 ── 6g
- 檸檬汁 ── 60g
- 微粒精白砂糖 ── 130g

薄荷奶油霜
- ・安格列斯醬
  - 牛乳 ── 90g
  - 加拿大薄荷葉 ── 6g
  - 微粒精白砂糖 ── 70g
  - 蛋黃 ── 75g
- Get 27 ── 75g
- 奶油（恢復至常溫）── 305g
- 義式蛋白霜（→下記）── 95g

草莓奶油霜
- ・安格列斯醬
  - 牛乳 ── 135g
  - 香草棒 ── 1/2根
  - 微粒精白砂糖 ── 130g
  - 蛋黃 ── 135g
- 奶油（恢復至常溫）── 435g
- 草莓果泥（品種：Senga Sengana，加糖。
  切成1cm丁塊後，解凍）── 235g
- 覆盆子白蘭地 ── 45g
- 義式蛋白霜（→下記）── 145g

義式蛋白霜
- 蛋白 ── 105g
- 精白砂糖 ── 155g
- 水 ── 40g

淋醬
- 鏡面果膠 ── 250g
- 草莓果泥
  （冷凍狀態下切成1cm丁塊）── 25g

裝飾
- 草莓（切半）── 2塊／1個
- 鏡面果膠 ── 適量
- 覆盆子（切半）── 3塊／1個
- 加拿大薄荷葉 ── 1片／1個

Mrs.Chihiro

Makes fifty six 8.7×2.8-cm rectangle cakes
*40×30-cm, 4.5-cm height rectangular cake ring

Mint sponge cake
- ・3 sheets almond sponge cakes for 42×32-cm
  baking sheet pan
  - 180g almond flour
  - 180g confectioners' sugar
  - 155g egg yolks
  - 100g egg whites
- ・Herb sauce (use 50g)
  - 20g japanese peppermint leaves
  - 5g fresh lemon juice
  - 35g EXV olive oil
- ・Meringue
  - 360g egg whites
  - 215g caster sugar
- 155g all-purpose flour

For the syrup
- 180g baume-30° syrup
- 105g Get27 (mint liqueur)
- 125g kirsch
- 105g water

Strawberry and mint jelly
- 15g gelatin sheets, soaked in ice-water
- 20g kirsch
- 650g frozen strawberry "Senga Sengana" purée,
  cut into 1-cm cubes
- 6g japanese peppermint leaves
- 60g fresh lemon juice
- 130g caster sugar

Mint butter cream
- ・Anglaise sauce
  - 90g whole milk
  - 6g japanese peppermint leaves
  - 70g caster sugar
  - 75g egg yolks
- 75g Get27
- 305g unsalted butter, at room temperature
- 95g italian meringue, see below

Strawberry butter cream
- ・Anglaise sauce
  - 135g whole milk
  - 1/2 vanilla bean
  - 130g caster sugar
  - 135g egg yolks
- 435g unsalted butter, at room temperature
- 235g frozen strawberry "Senga Sengana" purée,
  cut into 1-cm cubes, and defrost
- 45g raspberry eau-de-vie (raspberry brandy)
- 145g italian meringue, see below

Italian meringue
- 105g egg whites
- 155g granulated sugar
- 40g water

For the glaze
- 250g neutral glaze
- 25g frozen strawberry purée, cut into 1-cm cubes

For décor
- 2 strawberries halves for 1 cake
- neutral glaze
- 3 raspberries halves for 1 cake
- 1 japanese peppermint leaf for 1 cake

喜歡草莓中新娘和大和撫子的形象重疊，薄荷使用加拿大薄荷葉，利用其溫和的薄荷香氣，提升草莓的質感，適合婚宴使用的蛋糕。

a

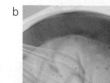

b

c

d

e

f

g

h

i

j

製作草莓薄荷果凍

1　把40×30cm的方形模放在OPP膜緊密貼覆的托盤上，冷藏備用（→P.43準備模型用托盤）。

2　果泥解凍，把加拿大薄荷葉和檸檬汁放在一起，用研磨攪拌機絞碎，製作果凍（→P.37果凍）。

3　把步驟1取出，倒進步驟2，抹平後，放進急速冷凍庫凝固。

4　凝固後，取出步驟3，用瓦斯槍加熱模型，脫模。用菜刀切掉邊緣約5mm左右的厚度，使尺寸縮小一圈後，放置在托盤，蓋上蓋子，放進冷凍庫備用。

準備海綿蛋糕

5　參考香草海綿蛋糕（→P.13），把加拿大薄荷葉、檸檬汁和橄欖油混在一起，製作香草醬，把杏仁粉、糖粉、蛋黃、蛋白打發成緞帶狀，倒進麵糊裡面，製作出薄荷風味的海綿蛋糕。和覆盆子（→P.120）的步驟5相同，準備烘焙紙，烘烤出3塊42×32cm的海綿蛋糕，出爐後放涼，依照40×30cm的方形模進行切割。

製作2種奶油霜

6　把40×30cm的方形模放在OPP膜緊密貼覆的托盤上面。同步製作2種奶油霜。

7　製作薄荷奶油霜。把牛乳和加拿大薄荷葉放在一起，用研磨攪拌機絞碎，放進手鍋，加入一半份量的砂糖，用打蛋器攪拌加熱。≡1

8　把打散的蛋黃和剩下的砂糖混合在一起，持續打發至柔滑程度，加入步驟7拌勻〔a〕，倒回步驟7的鍋子裡，用中火一邊攪拌，持續加熱至產生濃稠感為止，烹煮安格列斯醬〔b〕，過濾到鋼盆（→P.26，步驟2～5）。加入薄荷酒拌勻〔c〕，隔著冰水，冷卻至35～36℃。

9　配合步驟8的製作進度，把奶油打發至剛剛好的程度，然後把步驟8分3次加入，用中高速攪拌（→P.27奶油霜步驟2～4）〔d～e〕。倒進鋼盆。

10　製作草莓奶油霜。烹煮安格列斯醬，過濾（→P.26）〔f〕，隔著冰水，讓溫度下降至35～36℃。

11　和步驟9一樣，把奶油打發，把步驟10分2次加入拌勻。

12　解凍的草莓果泥加入覆盆子白蘭地拌勻後，調溫成20℃，分2次加入步驟11裡面，用中高速攪拌〔g〕。倒進鋼盆。

13　配合步驟9和12的完成進度，打發義式蛋白霜，在溫熱時停止打發，在鋼盆裡攤開，放進冷凍庫冷卻後，取出（→P.44果泥慕斯的步驟4～6）。分成145g和95g。

14　145g放進步驟12草莓風味的鋼盆，95g放進步驟9薄荷風味的鋼盆，分別用打蛋器粗略攪拌後，改用橡膠刮刀拌勻（→P.27奶油霜的步驟6～7）〔h～i〕。

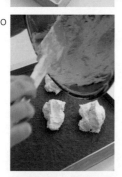

15 用橡膠刮刀把步驟14草莓奶油霜的一半份量（約600g），放置在步驟6的方形模裡面的各處，用L型抹刀抹平，用廚房紙巾擦拭邊緣〔j〕。

16 酒糖液分成3等分。用刷子確實把第1次的酒糖液塗抹在步驟5的海綿蛋糕上面〔k〕。將塗抹面朝下，對齊邊緣，放在步驟15上面，撕掉烘焙紙，再用L型抹刀按壓抹平，消除縫隙。塗抹上第1次剩餘的酒糖液，再次用L型抹刀抹平，讓海綿蛋糕吸收〔l〕。用廚房紙巾把方形模內側的髒污擦乾淨。

17 把步驟16放進冷凍庫5～6分鐘，確定凝固後，取出。

18 利用與步驟15相同的要領，把薄荷奶油霜的一半份量（約330g）塗抹分層〔m〕。

19 再次放進冷凍庫5～6分鐘，確定凝固後，取出。

20 取出步驟4的草莓薄荷果凍，讓平坦面朝下，對齊邊緣，入模。用L型抹刀抹平，讓海綿蛋糕和下方的奶油霜密合〔n〕。

21 與步驟18相同，進一步把剩餘的薄荷奶油霜塗抹分層〔o〕。

22 重覆步驟16（海綿蛋糕）→步驟15（草莓奶油霜）→步驟16的作業。由下往上，各層分別為草莓奶油霜、海綿蛋糕、薄荷奶油霜、果凍，然後是薄荷奶油霜、海綿蛋糕、草莓奶油霜、海綿蛋糕。

23 緊密貼合OPP膜之後〔p〕，用托盤按壓（→P.43冷凍之前）。在沒有打開開關的情況下，放進急速冷凍庫2小時（中途經過1小時之後，轉換方向），之後急速凝固30分鐘。

24 準備淋醬。用IH調理器解凍的果泥，用網格較細的濾網過濾後，和鏡面果膠混合備用。

25 取出步驟23，用托盤夾住，翻面，撕掉上面的OPP膜。淋上步驟24的淋醬，用抹刀抹平〔q〕，放進冷凍庫，使淋醬凝固。

26 取出步驟25，把佩蒂小刀插進蛋糕的周圍，脫膜〔r～s〕。用加熱的鋸齒刀切掉邊緣，修整之後，切成8.7×2.8cm的大小（→P.129熱帶的步驟19）。

27 把步驟26排放在鋪有OPP膜的托盤上面，蓋上蓋子，放進冷凍庫保存。

最後加工

28 把步驟27移放到冷藏，進行半解凍。把鏡面果膠塗抹在草莓的剖面，同時再裝飾上覆盆子、加拿大薄荷葉。

詳細重點參考P.118覆盆子。
■1 在薄荷品種當中，加拿大薄荷葉有著沉穩、纖細的香氣。在創作訂製的婚宴蛋糕時，基於新娘的形象而採用了這種薄荷。

柑橘千層
Agrumes

Puff pastry →
Orange butter cream →
Orange jelly →

份量　8.7×2.8cm 12個
＊準備18cm的正方形模2個。

千層派皮（→P.16）── 400g
＊把厚度擀壓成2mm後，
　切割成50×35cm左右。
　烘烤後的尺寸大約是40×30cm。
糖粉 ── 適量

柑橘果凍
┌ 片狀明膠 ── 4g
│ 柑橘香甜酒 ── 5g
│ 柑橘汁 ── 100g
│ 濃縮柑橘汁 ── 50g
│ 檸檬汁 ── 10g
│ 微粒精白砂糖 ── 20g
│ ┌ 糖漬橙皮碎末（→P.34）── 40g
└ └ 柑橘香甜酒 ── 5g

柑橘奶油霜
┌ 糖漬橙皮碎末 ── 30g
│ 柑橘香甜酒 ── 15g
│ 濃縮柑橘汁 ── 95g
│ ・安格列斯醬
│ ┌ 牛乳 ── 60g
│ │ 香草棒 ── 1/5根
│ │ 微粒精白砂糖 ── 60g
│ └ 蛋黃 ── 60g
│ 奶油（恢復至常溫）── 190g
│ ・義式蛋白霜　以下取65g使用
│ ┌ 蛋白 ── 60g
│ │ 精白砂糖 ── 125g
└ └ 水 ── 25g

裝飾
┌ Raftisnow ── 適量
│ ・柑橘風味的翻糖　以下取適量
│ ┌ 翻糖 ── 10g
│ └ 濃縮柑橘汁 ── 10g
│ 糖漬金桔（→P.36）── 1塊／1個
└ 糖煮橙皮（→P.38糖煮萊姆皮）── 2條／1個

Citrus fruit

Makes twelve 8.7×2.8-cm rectangle cakes
*two 18-cm square cakes rings

400g puff pastry dough, see page 16
confectioners' sugar

Orange jelly
┌ 4g gelatin sheets, soaked in ice-water
│ 5g Mandarine Napoléon (orange liqueur)
│ 100g squeezed orange juice
│ 50g orange concentrated preparation
│ 10g fresh lemon juice
│ 20g caster sugar
│ ┌ 40g candied orange peel, chopped finely,
│ │ see page 34
└ └ 5g Mandarine Napoléon

Orange butter cream
┌ 30g candied orange peel, chopped finely
│ 15g Mandarine Napoléon (orange liqueur)
│ 95g orange concentrated preparation
│ ・Anglaise sauce
│ ┌ 60g whole milk
│ │ 1/5 vanilla bean
│ │ 60g caster sugar
│ └ 60g egg yolks
│ 190g unsalted butter, at room temperature
│ ・Italian meringue (use 65g)
│ ┌ 60g egg whites
│ │ 125g granulated sugar
└ └ 25g water

For décor
┌ raftisnow
│ ・Orange fondant icing
│ ┌ 50g white fondant (white icing paste)
│ └ 10g orange concentrated preparation
│ 1 kumquat half compote for 1 cake,
│ see page 36
│ 2 pieces candied orange peel for 1 cake,
└ see page 38 "candied lime peel"

確實烘烤出香氣的千層派皮，層疊上微酸的果凍，以及柑橘奶油霜，口感清爽。
創新的法式千層酥。

a

b

c

d

e

f

g

h

i

j

製作柑橘果凍

1 把18cm正方形的方形模放在OPP膜緊密貼覆的托盤上，冷藏備用（→P.43準備模型用托盤）。

2 把片狀明膠和柑橘香甜酒5g混合在一起，隔水加熱，柑橘汁、濃縮柑橘汁、檸檬汁和砂糖混合在一起，依照基本的做法，製作柑橘果凍（→P.37果凍）。糖漬橙皮碎末解凍備用，和柑橘香甜酒混合拌開，倒進果凍裡面拌勻。

3 把步驟1取出，倒進步驟2裡面，抹平後，放進急速冷凍庫凝固。

4 凝固後，取出步驟3，用瓦斯槍加熱模型，脫模。放在托盤上面，蓋上蓋子，放進冷凍庫備用。

準備柑橘奶油霜

5 把18cm正方形的方形模放在OPP膜緊密貼覆的托盤上面。

6 糖漬橙皮碎末解凍備用，放進鋼盆裡面。加入柑橘香甜酒，用橡膠刮刀拌勻，拌勻後，也加入濃縮柑橘汁拌勻〔a〕。

7 烹煮安格列斯醬（→P.26），隔著冰水一邊攪拌，使溫度冷卻至35～36℃。分2次倒進打發至泛白程度的奶油，一邊用中高速的攪拌機攪拌（→P.27奶油霜的步驟2～4）。和步驟6一樣，分2次加入拌勻〔b〕。

8 義式蛋白霜打發後，在仍然溫熱的時候停止攪拌機，冷卻（→P.44果泥慕斯的步驟4～6），加入步驟7拌勻（→P.27奶油霜的步驟6～7）〔c～d〕。

9 用口徑1cm的圓形花嘴，把步驟8的奶油霜1/3量（約180g）擠進步驟5的1個方形模裡面，用較小的L型抹刀稍微壓實，使整體均勻，同時消除縫隙〔e～f〕。

10 取出步驟4的果凍，讓平坦的那一面朝下，放在步驟9上面。用抹刀抹平，消除縫隙〔g〕。進一步擠進180g的奶油霜，同樣抹平。

11 同樣的，把剩下的奶油霜（約180g）擠進另一個方形模，和步驟10一起放進冷凍庫，凝固。凝固之後，就把佩蒂小刀插進模型周圍，脫膜，再重疊上舖有OPP膜的托盤，放進冷凍庫保存。

準備千層派皮

12 預先擀壓冷凍的千層派皮，在製作當天切割成50×35cm，放在烤盤上的樹脂製烤盤墊上面。

k

l

m

n

o

p

q

r

s

13 用180℃的烤箱烘烤30分鐘。經過10分鐘後，把樹脂製烤盤墊和烤盤放在上面，10分鐘後，用樹脂製烤盤墊夾住，翻面放在烤盤上，進一步烘烤10分鐘〔h～j〕。烘烤期間，流到烤盤墊上面的多餘油脂，要像〔i〕那樣，用廚房紙巾擦掉。確認兩面都呈現相同的烤色〔k〕。烤箱溫度提高至230℃。≡1

14 把糖粉篩撒在步驟13的千層派皮的單面，直到整面呈現白色，用230℃烘烤3～4分鐘。只要砂糖融化即可。背面同樣也要篩撒糖粉，〔以上l～m〕，進行糖漬化（製作出光澤）。放涼備用。

糖煮橙皮在三天前預先製作

15 在製作的3天以前下料。參考糖煮萊姆皮（→P.38），燙煮用的鹽巴採用2g，用加了少量紅色素的糖漿烹煮。

最後加工

16 把步驟11的奶油霜和夾了果凍的奶油霜，分別裁切成2片18×8.7cm的大小，放進冷凍庫備用。

17 用鋸齒刀把步驟14的千層派皮切成6片18×8.7cm的大小，其中的2片切成寬度2.8cm〔n〕。

18 把步驟16夾了果凍的奶油霜，各自放在裁切成18×8.7cm的2片千層派皮上面〔o〕。放上相同大小的千層派皮，進一步把1片步驟16凝固的奶油霜放在上面〔p〕。

19 最後，分別把各6片寬度切成2.8cm的千層派皮，共計12片，放在步驟18的上面，並往下按壓〔q〕。

20 用鋸齒刀切掉邊緣，菜刀從上方的切口入刀，一邊用手按壓，逐一切開〔r～s〕。

21 把Raftisnow撒在表面，直到呈現雪白。

22 製作柑橘風味的翻糖。把搓揉軟化的翻糖和濃縮柑橘汁放進鋼盆混合，隔水加熱，一邊拌勻，調溫至42℃。裝進擠花袋，分別擠在步驟21的上面。

23 再裝飾上1塊糖漬金桔和2條步驟15的糖煮橙皮。

詳細重點參考P.118覆盆子。
≡1 如果直接烘烤的話，融化在烤盤上的奶油會導致千層派皮變得過度油膩，所以要把多餘的油脂擦掉，中途放上的烤盤也要換成新的烤盤。

咖啡千層

Majestique

份量　8.7×2.8cm 12個
＊準備18cm的正方形模3個。

千層派皮（→P.16）── 400g
＊把厚度擀壓成2mm後，
　切割成50×35cm左右。
　烘烤後的尺寸大約是40×30cm。

糖粉 ── 適量

焦糖榛果糖（→P.31）── 全量

咖啡果凍
┌ 義式咖啡萃取液 ── 175g
│ 片狀明膠 ── 7g
│ 微粒精白砂糖 ── 15g
└ 卡魯哇（咖啡香甜酒）── 5g

堅果糖油霜
┌ ・安格列斯醬
│ ┌ 牛乳 ── 60g
│ │ 香草棒 ── 1/5根
│ │ 微粒精白砂糖 ── 40g
│ └ 蛋黃 ── 45g
│ 奶油（恢復至常溫）── 170g
│ 堅果糖（顆粒較粗）── 20g
│ 堅果糖（顆粒較細）── 20g
│ ・義式蛋白霜　以下取60g使用
│ ┌ 蛋白 ── 60g
│ │ 精白砂糖 ── 105g
└ └ 水 ── 25g

甘納許咖啡
┌ 咖啡風味的巧克力
│ 　（可可57%）── 115g
│ ┌ 牛乳 ── 70g
│ └ 鮮奶油（乳脂肪38%）── 15g
└ 奶油（切成5mm丁塊，恢復至常溫）── 25g

裝飾
Raftisnow ── 適量

Majestic

Makes twelve 8.7×2.8-cm rectangle cakes
*three 18-cm square cakes rings

400g puff pastry dough, see page 16
confectioners' sugar

1 recipe caramelized hazelnuts, see page 31

Coffee jelly
┌ 175g espresso coffee
│ 7 g gelatin sheets, soaked in ice-water
│ 15g caster sugar
└ 5g Kahlúa (coffee liqueur)

Praline butter cream
┌ ・Anglaise sauce
│ ┌ 60g whole milk
│ │ 1/5 vanilla bean
│ │ 40g caster sugar
│ └ 45g egg yolks
│ 170g unsalted butter, at room temperature
│ 20g coarse ground praline paste
│ 20g fine ground praline paste
│ ・Italian meringue (use 60g)
│ ┌ 60g egg whites
│ │ 105g granulated sugar
└ └ 25g water

Coffee-chocolate cream filling
┌ 115g dark-coffee chocolate, 57% cacao
│ ┌ 70g whole milk
│ └ 15g fresh heavy cream, 38% butterfat
│ 25g unsalted butter, cut into 5-mm cubes,
└ at room temperture

For décor
raftisnow

堅果糖的瘋狂甜味、咖啡果凍和甘納許的苦味與酸味、
酥脆的千層派皮和焦糖榛果糖，享受絕佳口感和風味的甜點。

米拉之家
Casa-Milà

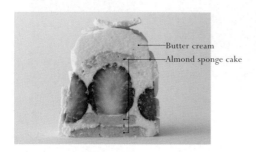

Butter cream
Almond sponge cake

份量　口徑5×深度6cm的炸彈模型20個
＊準備直徑2.8cm和4cm的切模。

杏仁海綿蛋糕　60×40cm的烤盤1/2個
- 杏仁粉 —— 50g
- 糖粉 —— 50g
- 蛋黃 —— 45g
- 蛋白 —— 30g
- ・蛋白霜
- 蛋白 —— 100g
- 微粒精白砂糖 —— 60g
- 低筋麵粉 —— 40g

酒糖液　將以下材料混合
- 波美30°糖漿 —— 45g
- 櫻桃酒 —— 30g
- 水 —— 25g

奶油霜
- ・安格列斯醬
- 牛乳 —— 100g
- 香草棒 —— 1/5根
- 微粒精白砂糖 —— 80g
- 蛋黃 —— 85g
- 奶油（恢復至常溫）—— 340g
- 櫻桃酒 —— 70g
- ・義式蛋白霜　以下取100g使用
- 蛋白 —— 60g
- 精白砂糖 —— 105g
- 水 —— 25g

蛋白霜裝飾
- 蛋白 —— 50g
- 微粒精白砂糖A —— 50g
- 微粒精白砂糖B —— 25g
- 玉米粉 —— 5g
- 粉紅胡椒 —— 適量

裝飾
草莓 —— 3粒／1個

Casa-Milà

Makes twenty cakes
＊5-cm diameter×6-cm depth dariol timbal mold,
2.8-cm and 4-cm diameter round pastry cutter

1/2 almond sheet sponge cake for 60×40-cm
baking sheet pan
- 50g almond flour
- 50g confectioner's sugar
- 45g egg yolks
- 30g egg whites
- ・Meringue
- 100g egg whites
- 60g caster sugar
- 40g all-purpose flour

For the syrup
- 45g baume-30° syrup
- 30g kirsch
- 25g water

Butter cream
- ・Anglaise sauce
- 100g whole milk
- 1/5 vanilla bean
- 80g caster sugar
- 85g egg yolks
- 340g unsalted butter, at room temperature
- 70g kirsch
- ・Italian meringue (use 100g)
- 60g egg whites
- 105g granulated sugar
- 25g water

Meringue for décor
- 50g egg whites
- 50g caster sugar A
- 25g caster sugar B
- 5g corn starch
- pink pepper

For the garnish
3 strawberries for 1 cake

靈感來自於巴塞隆納的高第建築物，
新鮮的奶油霜和草莓酸味，加上蛋白霜的綿密和甜度。

準備海綿蛋糕

1 烘焙紙（60×40cm）在垂直對半的位置摺出摺痕，黏貼在烤盤上面（→P.12準備）。參考杏仁海綿蛋糕（→P.12），製作海綿蛋糕，鋪平至摺痕，並用手指擦拭烤盤邊緣。依照基本的方式進行烘烤，出爐後放涼備用。

2 用直徑2.8cm的切模壓切出40片，用直徑4cm的切模壓切出20片，放進托盤備用。

製作奶油霜

3 把炸彈模型放在專用托盤上面。

4 烹煮安格列斯醬（→P.26），隔著冰水冷卻至35～36℃。分2次倒進打發至泛白程度的奶油裡面，一邊用中高速的攪拌機攪拌〔a〕，倒進鋼盆（→P.27奶油霜的步驟2～4）。

5 分2～3次，把櫻桃酒倒進步驟4裡面，每次加入就用打蛋器拌勻〔b〕。

6 配合步驟5的製作進度，製作義式蛋白霜，倒進鋼盆，急速冷卻（→P.44果泥慕斯的步驟4～6），倒進步驟5裡面拌勻（→P.27奶油霜的步驟6～7）〔c～d〕。

7 用口徑8.5mm的圓形花嘴，擠出少量步驟6的奶油霜到步驟3的模型裡面〔e〕。

8 步驟2較小塊的海綿蛋糕浸泡酒糖液後，烤色面朝下，放進步驟7裡面，用手指輕壓，消除縫隙〔f〕。

9 進一步把奶油霜擠入至模型的一半高度，拍打下方，消除縫隙〔g〕。

10 把4塊草莓縱切成對半，以剖面朝向外的方向，逐一塞進模型裡面〔h〕。一整顆完整的草莓則筆直塞進模型正中央〔i〕。

11 把剩餘的奶油霜擠進步驟10裡面至9分滿〔j〕，和步驟9相同，拍打下方，消除縫隙。步驟2剩餘的較小塊海綿蛋糕浸泡酒糖液，把烤色面朝下，用手指壓進模型中央〔k〕。

k

l

m

n

12 再次擠入奶油霜,用抹刀抹平〔l〕。步驟2較大塊的海綿蛋糕浸泡酒糖液,把烤色面朝下,疊放在上方,用手指一邊旋轉按壓,消除縫隙〔m〕。放上OPP膜和托盤按壓(→P.43冷凍之前)〔n〕,冷藏一晚,凝固。

13 取出步驟12,撕掉OPP膜。把佩蒂小刀從模型中央傾斜插入,同時把模型放進熱水至模型的八分深,然後一邊轉動模型,進行脫模。倒扣排放在鋪有OPP膜的托盤上面。冷藏保存。

製作蛋白霜裝飾

14 厚度2mm的氯乙烯挖出長邊7.5cm×短邊3cm的橢圓形,製作成矽膠模板備用。

15 把砂糖A倒進蛋白裡面,用中高速的攪拌機確實打發出挺立的勾角(→P.23榛果達克瓦茲的步驟3~5),倒進鋼盆。

16 砂糖B和玉米粉一起過篩撒入,然後用橡膠刮刀切拌。

17 把步驟14的自家製矽膠模板泡進水裡,然後放在樹脂製烤盤墊上面,用抹刀均勻抹上步驟16的材料後,脫模。製作多一點起來備用。分別在每1片放上2~3顆的粉紅胡椒,往下按壓,再用打開擋板的100℃的烤箱烘乾約2小時。出爐後,放涼,裝進放有乾燥劑的罐子,蓋上蓋子,用膠帶等進行密封,在室溫下保存。

最後加工

18 取出步驟13,用手隨意折斷步驟17的蛋白霜裝飾,貼在表面。

製作、感受、確信——每天的感受讓甜點變得美味

製作甜點的時候，偶爾會有嘗試某些新素材，覺得那個味道很不錯的時候。然後，美味的程度就會進一步擴散。

例如，塔派的卡布奇諾（→P.152）。盲烤的法式甜塔皮裡面原本是加上甘納許，而這道甜點則是使用咖啡風味的巧克力來代替甘納許，放在上方的香緹鮮奶油也添加了咖啡，結果試吃之後發現，這根本就是卡布奇諾的風味嘛！原以為香緹鮮奶油不會變成咖啡風味，而是其他的味道。結果，稍作嘗試之後，真的成了咖啡風味。

還有焦糖口味的塔派。市面上常見的焦糖是硬的，但我覺得柔軟的焦糖更是美味。於是我便製作出這種有著柔軟口感的焦糖塔（→P.148）。另外，因為希望讓口感更顯輕盈，所以便拿掉了原本添加在焦糖裡面的奶油。

甚至，還在上面添加過去未曾採用的香緹鮮奶油。在有香緹鮮奶油和無香緹鮮奶油之間，呈現出絕妙的味道差異。透過裝盤點綴來表現出甜點感覺。然後，再進一步撒上可能和香緹鮮奶油相當搭配的肉桂粉，結果整體的口感就變得更好了。

愉快慕斯（→P.96）是把覆盆子果凍和覆盆子碎粒一起放進百香果慕斯裡面，然後再進一步凝固製成。光是把蛋糕切開，就可以聞到滿溢的百香果香氣。濃厚的香氣超乎想像。自己試著切開品嘗，細細感受，就能帶來下一個蛋糕製作的靈感。

正因為隨時都在廚房裡面製作甜點，所以每天都會在作業過程中冒出一個又一個的靈感。製作出一個甜點，並不代表一切就結束了。細微變化的累積才是最重要的。

我的代表作諸神的食物（Ambroisie），是在巧克力慕斯裡面加入開心果慕斯、帶籽覆盆子、開心果的海綿蛋糕，下方則鋪有巧克力的海綿蛋糕。這是讓我在世界盃點心大賽（The World Pastry Cup）上贏得寶座的甜點。而為了超越那道甜點所構思出的巧克力慕斯則是阿拉比克（→P.103）。

阿拉比克使用咖啡口味的巧克力，為了使那個味道更加鮮明，我便試著在裡面加了義式咖啡的果凍和烤布蕾。在製作的期間，我才知道義式咖啡萃取之後，如果沒有馬上使用，香味就會流失。烤布蕾的材料如果過硬，口感就會變差，所以烘烤的程度相當重要。

雖然阿拉比克並不是小小的改變，但卻是我為了超越「諸神的食物」所研發出的甜點。

每天細心感受，透過一點一滴的微小改變，就能產生大幅的躍進。

準備法式甜塔皮

1 利用與焦糖塔的步驟1～3（→P.150）相同的步驟，準備盲烤好的甜塔皮。

製作甘納許咖啡

2 用咖啡風味的黑巧克力製作甘納許（→P.29）〔a〕，一邊攪拌冷卻。

3 把步驟2調整成32℃，用填餡器把步驟1的甜塔皮填滿〔b〕。擠完之後，連同托盤一起往下輕敲，使表面均勻〔c〕。放進冷凍庫凝固，直接保存。

最後加工

4 把巧克力淋醬從冷藏中取出，把一半份量的波美30°糖漿一起放進鋼盆，隔水加熱融化。在使用的時候，把溫度調整成26～27℃。

5 取出步驟3，用橡膠刮刀把步驟5的淋醬（20g）塗抹在表面整體〔d〕，放進冷藏。

6 製作咖啡香緹鮮奶油。用乳脂肪42％的鮮奶油製作乳霜，把8％的砂糖倒進裡面，製作成香緹鮮奶油，放進冷藏備用。把15g的鮮奶油倒進即溶咖啡裡面，充分攪拌融化後，倒進香緹鮮奶油裡面，拌勻。

7 淋醬凝固後，取出步驟5。湯匙用熱水溫熱，放在廚房紙巾上面輕敲，去除水分，撈取步驟6的咖啡香緹鮮奶油，滾動塑形成紡錘狀之後，放在甜塔皮上方〔e～f〕。裝飾上咖啡堅果糖和片狀黑巧克力。

大黃根塔
Tartelette à la rhubarbe

在香酥的甜塔皮鋪上酸味強勁的糖漬大黃根，
再用鬆軟香甜的蛋白霜包覆起來，製作出強弱分明的美味。

a

b

c

d

e

f

g

h

製作檸檬奶油醬

1 用削皮器削下檸檬皮，白瓤部分用佩蒂小刀去除。加上1撮鹽巴（份量外），放進用手鍋煮沸的熱水裡面，持續烹煮至檸檬皮變軟，煮出浮渣和蠟，用濾網過濾後，再用流動的水沖洗乾淨，把水瀝乾。

2 把奶油和步驟1放進手鍋，開火煮沸，讓檸檬的香氣轉移到奶油上面〔a〕。煮沸後，關火，放進食物調理機，把檸檬皮絞成碎末。

3 把全蛋放進鋼盆，充分打散，加入砂糖，進一步磨擦攪拌〔b〕。

4 把檸檬汁倒進步驟3裡面，充分拌勻，過濾到另一個鋼盆裡面〔c〕。同時也把步驟2倒進鋼盆，充分拌勻〔d〕。

5 把步驟4隔水加熱，一邊攪拌，一邊加熱20分鐘左右，製作出濃稠度〔e〕。進一步移到銅鍋裡面，用瓦斯爐的直火加熱，持續攪拌，直到呈現出光澤為止〔f〕。

6 把步驟5隔水加熱，一邊攪拌冷卻至常溫〔g〕。可是，奶油會凝固，所以不可以冷卻過度。

7 冷藏一個晚上。冷藏保存，使用時就取出需要份量使用。≣1

製作羅勒果膠

8 參考香草海綿蛋糕（→P.13），用羅勒葉、檸檬汁和橄欖油製作香草醬。用濾網較細的濾網過濾備用。

9 把鏡面果膠和步驟8放進鋼盆裡混合，用橡膠刮刀充分拌勻。裝進用較薄的OPP膜製作的擠花袋裡面，冷凍保存。只把當天欲使用的份量移到冷藏解凍。

準備法式甜塔皮

10 利用與焦糖塔的步驟1～3（→P.150）相同的步驟，準備盲烤好的甜塔皮。

11 用抹刀把步驟7的檸檬奶油醬（26～28g）裝填進步驟10的甜塔皮裡面，抹平〔h〕。排放在樹脂加工的烤盤上，蓋上蓋子，冷藏備用。

≣1 狀態穩定之後，會比較容易作業，所以檸檬奶油醬一定要冷藏一個晚上。

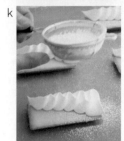

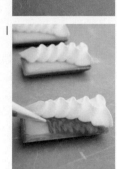

最後加工

12 把櫻桃小番茄用的果膠材料混合在一起，放進手鍋煮沸，用刷子塗抹在小番茄的剖面〔i〕。

13 取出步驟11。製作義式蛋白霜（→P.44果泥慕斯的步驟4），打發至低於人體肌膚的溫度後，馬上用口徑1.4cm的玫瑰花嘴，在步驟11的半邊擠出波浪形狀〔j〕。≡2

14 在蛋白霜部分輕撒上糖粉2次〔k〕，用200℃的烤箱烘烤1分鐘，使蛋白霜的邊緣部分呈現隱約的烤色。

15 把步驟9裝在擠花袋裡面的羅勒果膠，擠在步驟14沒有擠上蛋白霜的部分，從輪廓線開始擠滿整個平面，再用抹刀抹平〔l～m〕。

16 裝飾上步驟12的小番茄。

≡2 這裡的義式蛋白霜和混合其他材料的慕斯不同，擠在普羅旺斯、大黃根塔（→P.157，步驟9）的義式蛋白霜需要有細緻的質地和形狀維持性，所以打發至人體肌膚的溫度後，就要馬上擠花。

夏威夷鳳梨
Ananas Hawaii

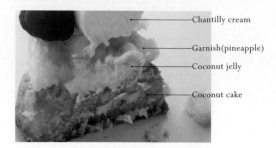

Chantilly cream
Garnish(pineapple)
Coconut jelly
Coconut cake

份量　口徑7cm×深度2cm的樹脂製空心圓模20個
＊準備直徑4cm×深度2cm的圓形樹脂製模型、
　直徑5cm×高度4cm的圓形圈模。

椰子磅蛋糕　35個
- 奶油（恢復至常溫）──215g
- 糖粉──325g
- 全蛋──380g
- 椰子果泥（切成1cm丁塊後，解凍）──40g
- 杏仁粉──85g
- 椰子細粉──215g
- 低筋麵粉──155g
- 泡打粉──3.5g

椰子細粉──適量

酒糖液
馬里布（椰子酒）──8g／1個

椰子果凍　48個
- 片狀明膠──7g
- 馬里布──20g
- 椰子果泥（冷凍狀態下切成1cm丁塊）──400g
- 檸檬汁──15g
- 微粒精白砂糖──30g

配料
- 鳳梨（去除芯和外皮）──600g
- 檸檬汁──20g
- 櫻桃酒──20g
- 香草棒──2/5根
- 微粒精白砂糖──20g

淋醬（配料用）
- Royal Nap（→P.158）──30g
- Jelfix（→P.158）──60g
- 配料剩餘的浸漬液──60g

裝飾
- 香緹鮮奶油（乳脂肪42%）──15g／1個
- 覆盆子──1粒／1個
- 紅醋栗果醬（→P.37果醬）──適量
- 糖煮萊姆皮（→P.38）──1條／1個

Ananas Hawaii

Makes twenty cakes
*7-cm diameter×2-cm depth savarin silicon mold tray,
4-cm diameter×2-cm depth tartlet silicon mold tray,
5-cm diameter×4-cm height cake ring

Coconut cake, making thirty five
7-cm diameter×2-cm height savarin cakes
- 215g unsalted butter, at room temperature
- 325g confectioners' sugar
- 380g whole eggs
- 40g frozen coconut purée, cut into 1-cm cubes, and defrost
- 85g almond flour
- 215g coconut fine shred
- 155g all-purpose flour
- 3.5g baking powder

coconut fine shred

For the syrup
8g Malibu (coconut liqueur) for 1 cake

Coconut jelly, making forty eight
- 7g gelatin sheets, soaked in ice-water
- 20g Malibu
- 400g frozen coconut purée, cut into 1-cm cubes
- 15g fresh lemon juice
- 30g caster sugar

For the garnish
- 600g pineapple, rind and core excepted
- 20g fresh lemon juice
- 20g kirsch
- 2/5 vanilla bean
- 20g caster sugar

For the glaze to garnish
- 30g Royal nap apricot, see page 126
- 60g geleefix, see page 126
- 60g marinade for the garnish, see above

For décor
- 15g Chantilly cream, 42% butterfat, for 1 cake, see page 62
- 1 raspberry for 1 cake
- redcurrant jam, see page 37
- 1 candied lime peel for 1 cake, see page 38

椰子風味的蛋糕和果凍的香甜，在舌尖上鬆軟融化，
香草和櫻桃酒混合之後的鳳梨酸味，裝滿了熱帶滋味。

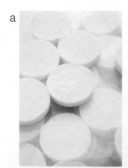

製作椰子果凍

1 把直徑4cm的樹脂製圓形模型放在托盤上面，冷藏備用。

2 製作椰子果凍（→P.37果凍）。

3 把步驟1取出，倒進步驟2，放進急速冷凍庫凝固。

4 把凝固的步驟3取出〔a〕，放進附蓋子的塑膠容器，放進冷凍庫備用。

準備蛋糕

5 把髮蠟狀的奶油（份量外）塗抹在樹脂製空心圓模上面，撒上椰子細粉，冷藏備用。依材料順序，用食物調理機攪拌，製作出椰子磅蛋糕（→P.300熱帶2）。

6 把步驟5的樹脂製空心圓模放在烤盤上面，用口徑1.3cm的圓形花嘴，把步驟5的磅蛋糕等分擠在空心圓模裡面。用164℃的烤箱共計約烘烤34分鐘。經過16分鐘後，把烤盤對調一次方向，再放回烤箱，烘烤6分鐘後取出，快速脫模，把原本位於底部的那一面朝上，排放在樹脂製烤盤墊上面，放回烤箱。進一步在每隔5分鐘、4分鐘的時候取出，一邊確認烤色，一邊對調烤盤的方向，再放回烤箱，進一步烘烤3分鐘。

7 出爐後，把蛋糕放涼，浸泡放在鋼盆裡面的馬里布（椰子酒），分別讓8g的蛋糕吸滿馬里布。

8 取出步驟4的椰子果凍，分別在步驟7的蛋糕凹陷部位放上1個果凍，排放在托盤，冷藏備用〔b〕。等待一段時間，讓果凍和蛋糕融合〔c〕。

製作配料

9 在最後加工之前下料。鳳梨斜切成V字形，去除褐色的種籽部位，準備600g的份量。切片成6mm的寬度後，切成6mm的丁塊〔d～e〕。

10 把檸檬汁、櫻桃酒放進鋼盆，加入從豆莢裡面取出香草種籽，拌開後，倒進步驟9裡面〔f〕。撒入砂糖，用湯匙充分拌勻，攪拌時不要按壓，覆蓋上塑膠膜，冷藏30分鐘～1小時後，倒出浸漬液備用。試味道，根據口味調整檸檬汁、櫻桃酒、砂糖的用量。≡1

≡1 用酒、砂糖和檸檬汁稍微浸漬，可以讓鳳梨的味道更鮮明，增加素材感。

g

h

最後加工

11 步驟10的配料用濾網瀝乾汁液，汁液留下來備用〔g〕。

12 把直徑5cm的圓形圈模放在步驟8的蛋糕上面，裝填些許步驟11的配料，用湯匙的背面壓實〔h〕。輕輕拿掉圓形圈模。

13 把淋醬的材料放進手鍋攪拌，加熱煮沸，用刷子塗抹在步驟12的配料上面。冷藏一段時間。

14 用乳脂肪42％的鮮奶油製作乳霜，把8％的砂糖倒進裡面，製作成香緹鮮奶油。取出步驟13，湯匙用熱水加溫後，撈取香緹鮮奶油，滾動塑形成紡錘狀，然後放在上方（→P.154卡布奇諾的步驟7）。放上1條糖煮萊姆皮。

15 用擠花袋把紅醋栗果醬擠在覆盆子的中央，放在步驟14的上方。

馬卡龍小蛋糕超美味

在我的店裡面，非常重視甜點製作上的素材感。用刀了切開甜點的那一瞬間，甜點素材的香氣擴散，放進嘴裡的時候，香氣在瞬間竄進鼻腔。同時，風味在嘴裡擴散，這便是我對甜點製作的想法。

通常，市面上所販售的馬卡龍都是用來當成花色小蛋糕、小點心，而我製作的甜點相當重視素材感。可是，小尺寸的甜點卻很難表現味道。因此，我就把馬卡龍製作成直徑6cm左右的尺寸，同時製作成小蛋糕。不管是麵糊的硬度或是奶油霜，都製作得比平常更軟，同時還在正中央加入果凍或是焦糖醬，讓奶油醬或麵糊之間的協調，比小尺寸的馬卡龍更好。即便是在蛋白霜裡面使用了大量砂糖的馬卡龍麵糊，仍然可以達到絕妙協調，感覺更美味。

關於果凍

我也會在馬卡龍裡面添加果凍。記得我第一次添加果凍的蛋糕是，名為天堂的甜點。那是用白酒慕斯，把紅醋栗果凍和紅醋栗慕斯包裹在裡面的甜點。只要季節來臨，就可以在店裡看到那道甜點。

白酒慕斯本身的味道並不鮮明。所以才會添加帶有酸味的紅醋栗慕斯，可是，只有一種味道還是太過單調。所以我就利用甜點淋醬般的感覺，增加了果凍的使用。甜點是採à la minute（現點現做）的形式，盤子上的所有素材都會影響味道。於是我就以甜點沾醬的感覺，用少量的明膠把果泥凝固，夾在慕斯之間。那是1990年代前半的事情。當時並沒有任何人採取相同的做法。

當然，紅醋栗本身的酸味也會產生影響。但是，製成果凍的話，卻能增添「清涼感」。當味道更為鮮明之後，就能更明顯的感受到白酒。

當時，名為小蜜桃的蜜桃慕斯也有添加果凍，讓蜜桃的味道更加鮮明。

從那之後，希望增添清涼感或是水嫩口感的時候，我就會在蛋糕裡面添加果凍。使用輕盈奶油霜的蛋糕（→P.118）也會夾上果凍，就連馬卡龍也沒有例外。

馬卡龍

柑橘櫻桃
Macaron griotte et orange

Orange butter cream
Macaron shell
Morello cherry and orange jelly

份量　直徑5.5cm 20個
＊準備14cm正方形的方形模2個。

馬卡龍殼
- ・蛋白霜
  - 蛋白——170g
    ＊打散後，放置2～3天。
  - 微粒精白砂糖——155g
- 黃色色素——5滴
- 紅色色素——13滴
  - 杏仁粉——210g
  - 糖粉——255g
- 糖粉（樹脂製烤盤墊用）——適量

柑橘櫻桃果凍
14cm正方形模2個（50個）
- 片狀明膠——6g
- 櫻桃酒——10g
- 酸櫻桃果泥
  （冷凍狀態下切成1cm丁塊）——176g
- 濃縮柑橘汁——20g
- 檸檬汁——30g
- 微粒精白砂糖——20g
- 糖漬橙皮碎末（→P.34）——10g

柑橘奶油霜
- ・安格列斯醬
  - 牛乳——35g
  - 香草棒——1/10根
  - 精白砂糖——35g
  - 蛋黃——35g
- 奶油（恢復至常溫）——110g
- 濃縮柑橘汁——60g
- 柑橘香甜酒——10g
- ・義式蛋白霜　以下取35g使用
  - 蛋白——60g
  - 精白砂糖——105g
  - 水——25g

Morello cherries and orange macarons

Makes twenty 5.5-cm diameter macarons
*two 14-cm square cake rings

Macaron shells
- ・Meringue
  - 170g egg whites
  - 155g caster sugar
- 5 drops of yellow food coloring
- 13 drops of red food coloring
  - 210g almond flour
  - 255g confectioners' sugar
- confectioners' sugar,
- for dusting silicon backing sheet

Morello cherry and orange jelly,
for two 14-cm square cake rings
- 6g gelatin sheets, soaked in ice-water
- 10g kirsch
- 176g frozen morello cherry purée,
  cut into 1-cm cubes
- 20g orange concentrated preparation
- 30g fresh lemon juice
- 20g caster sugar
- 10g candied orange peel, chopped finely,
  see page 34

Orange butter cream
- ・Anglaise sauce
  - 35g whole milk
  - 1/10 vanilla bean
  - 35g granulated sugar
  - 35g egg yolks
- 110g unsalted butter, at room temperature
- 60g orange concentrated preparation
- 10g Mandarine Napoléon (orange liqueur)
- ・Italian meringue (use 35g)
  - 60g egg whites
  - 105g granulated sugar
  - 25g water

柑橘的香氣裡有櫻桃的酸味，相當柔和。最適合冰鎮品嚐。

製作柑橘櫻桃果凍

1 糖漬橙皮碎末取出需要的份量，放進冷藏解凍。

2 把14cm正方形模放在OPP膜緊密貼覆的托盤上面，冷藏備用（→P.43準備模型用托盤）。

3 把櫻桃果泥解凍，和濃縮橙汁一起混合，製作果凍（→P.37），加入步驟1拌勻。倒進步驟2的方形模抹平，放進急速冷凍庫凝固。

4 把凝固的步驟3切成2.7cm丁塊，取50個備用。放進附蓋子的塑膠容器，放進冷凍庫備用。每次取出欲使用的份量使用。

準備馬卡龍殼

5 依照基本的方式製作麵糊，擠出5.5cm的大小40片，表面乾燥後，用123℃的烤箱烘烤19分鐘（→P.20馬卡龍殼）。出爐後，稍微放置一下，然後再從樹脂製烤盤墊上取下。

製作柑橘奶油霜

6 步驟5的馬卡龍殼的尺寸大小定型後，以2片一組的方式，排放在舖有白報紙的托盤上面備用〔a〕。顏色較漂亮的那一面朝上。

7 烹煮安格列斯醬，過濾（→P.26），隔著冰水，冷卻至35～36℃，倒進打發至適當程度的奶油裡面，用中高速攪拌（→P.27奶油霜的步驟2～4）。

8 把濃縮柑橘汁和柑橘香甜酒混在一起，調溫成20℃，分2次倒進步驟7裡面，一邊攪拌〔b～c〕。移到鋼盆裡面。

9 配合製作的進度，製作義式蛋白霜，冷卻，倒進步驟8裡面切拌均勻（→P.27奶油霜的步驟5～7）〔d～f〕。

10 用口徑5mm的圓形花嘴，把步驟9擠在步驟6的下殼，稍微與邊緣保留些間距，擠成漩渦狀，然後，外圍部分還要再重疊擠上一圈〔g〕。

11 在上殼擠出小一圈的漩渦狀〔h〕。

12 把步驟4的果凍放在步驟10的下殼的正中央〔i〕。把上殼重疊在上面，夾住果凍後按壓〔j〕，放回托盤排列。
＊大量製作的時候要冷凍保存，再冷藏解凍。

愛爾蘭精神
Irish Spirit

以愛爾蘭草原上吹拂的微風為形象，
把薄荷的清爽口感吹進草莓的酸甜裡面。

愛爾蘭精神
Irish Spirit

Mint macaron shell
Mint butter cream
Strawberry and mint jelly

份量　直徑5.5cm 20個
＊準備14cm正方形模2個。

薄荷馬卡龍殼（→P.22）
—— 直徑5.5cm 20個（40片）

草莓薄荷果凍
14cm正方形模2個（50個）
- 片狀明膠 —— 10g
- 櫻桃酒 —— 10g
- 草莓果泥
  （品種：Senga Sengana，無糖。
  冷凍狀態下切成1cm丁塊）—— 240g
- 薄荷葉 —— 2g
- 檸檬汁 —— 35g
- 微粒精白砂糖 —— 35g

薄荷奶油霜
- ・安格列斯醬
  - 牛乳 —— 40g
  - 薄荷葉 —— 3g
  - 微粒精白砂糖 —— 30g
  - 蛋黃 —— 35g
- Get 27（薄荷酒）—— 35g
- 奶油（恢復至常溫）—— 145g
- ・義式蛋白霜　以下取45g使用
  - 蛋白 —— 60g
  - 精白砂糖 —— 105g
  - 水 —— 25g

Irish Spirit

Makes twenty 5.5-cm diameter macarons
＊two 14-cm square cake rings

Forty 5.5-cm diameter mint macaron shells, see page22

Strawberry and mint jelly, for two 14-cm square cake rings
- 10g gelatin sheets, soaked in ice-water
- 10g kirsch
- 240g frozen strawberry 100%"Senga Sengana" purée,
  cut into 1-cm cubes
- 2g mint leaves
- 35g fresh lemon juice
- 35g caster sugar

Mint butter cream
- ・Anglaise sauce
  - 40g whole milk
  - 3g mint leaves
  - 30g caster sugar
  - 35g egg yolks
- 35g Get27 (mint liqueur)
- 145g unsalted butter, at room temperature
- ・Italian meringue (use 45g)
  - 60g egg whites
  - 105g granulated sugar
  - 25g water

a

b

c

d

e

f

製作草莓薄荷果凍

1 參考千尋的步驟1～3（→P.132），把加拿大薄荷換成薄荷，製作成果凍，倒進2個14cm正方形模裡面，放進急速冷凍庫凝固。

2 把步驟1取出，脫模後，切成2.7cm丁塊，取50個備用。放進附蓋子的塑膠容器，放進冷凍庫備用。使用其中的20個。

製作薄荷馬卡龍殼

3 依照基本的方式製作麵糊，擠出40片烘烤（→P.22）。出爐後，稍微放涼，再從樹脂製烤盤墊上取下。

製作薄荷奶油霜

4 步驟3的馬卡龍殼的尺寸大小定型後，以2片一組的方式，排放在舖有白報紙的托盤上面備用〔a〕。顏色較漂亮的那一面朝上。

5 參考千尋的步驟7～9（→P.132），把加拿大薄荷換成薄荷，烹煮薄荷風味的安格列斯醬，再和打發好的奶油混合。參考奶油霜的步驟5～7（→P.27），加入義式蛋白霜拌勻，製作出奶油霜〔b〕。

6 用口徑5mm的圓形花嘴，把步驟5擠在步驟4的下殼，稍微與邊緣保留些間距，擠成漩渦狀，然後，外圍部分還要再重疊擠上一圈〔c〕。

7 把步驟2的果凍放在奶油霜的中央，進一步在其上方擠出漩渦狀，覆蓋住果凍〔d～e〕。把上殼重疊在上面，夾住果凍後按壓，排放在托盤上面〔f〕。☰1

☰1　果凍的高度較高，或是裡面的配料較多時，單是把奶油霜擠在上方用的馬卡龍殼，還是會使內餡外漏，所以要擠上足以覆蓋住果凍或配料的奶油霜。

咖啡焦糖

Macaron café et caramel

Coffee macaron shell

Coffee butter cream

Caramel sauce

份量　直徑5.5cm 20個

咖啡馬卡龍殼（→P.21）
　　── 直徑5.5cm 20個（40片）

焦糖醬
- 水飴 ── 25g
- 精白砂糖 ── 80g
- 鮮奶油（乳脂肪38％）── 80g
- 干邑白蘭地 ── 10g

咖啡奶油霜
- ・安格列斯醬
  - 牛乳 ── 45g
  - 香草棒 ── 1/10根
  - 微粒精白砂糖 ── 40g
  - 蛋黃 ── 40g
- 咖啡萃取物 ── 20g
- 奶油（恢復至常溫）── 155g
- ・義式蛋白霜　以下取50g使用
  - 蛋白 ── 60g
  - 精白砂糖 ── 105g
  - 水 ── 25g

Coffee and caramel macarons

Makes twenty 5.5-cm diameter macarons

Forty 5.5-cm diameter coffee macaron shells, see page21

Caramel sauce
- 25g starch syrup
- 80g granulated sugar
- 80g fresh heavy cream, 38% butterfat
- 10g cognac

Coffee butter cream
- ・Anglaise sauce
  - 45g whole milk
  - 1/10 vanilla bean
  - 40g caster sugar
  - 40g egg yolks
- 20g coffee extract
- 155g unsalted butter, at room temperature
- ・Italian meringue (use 50g)
  - 60g egg whites
  - 105g granulated sugar
  - 25g water

從奶油霜溶出的苦味焦糖醬，帶著干邑白蘭地的香氣，
甜蜜、微苦的咖啡馬卡龍和奶油霜，調和出成人的風味。

175

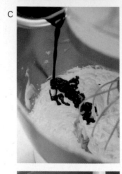

製作焦糖醬

1 把水飴和砂糖放進手鍋，開中火加熱，砂糖融化，稍微染上顏色後，用木杓一邊攪拌，一邊焦糖化。≡1

2 顏色呈現焦褐色之後，分2～3次，把鮮奶油加入拌勻。再次煮沸後，關火，倒進鋼盆，冷卻。

3 冷卻後，加入干邑白蘭地拌勻，放進裝有口徑5mm圓形花嘴的擠花袋裡面，冷藏備用。

製作咖啡馬卡龍殼

4 依照基本的方式製作麵糊，擠出40片烘烤（→P.21）。出爐後，稍微放涼，再從樹脂製烤盤墊上取下。

製作咖啡奶油霜

5 步驟4的馬卡龍殼的尺寸大小定型後，以2片一組的方式〔a〕，排放在舖有白報紙的托盤上面備用。顏色較漂亮的那一面朝上。

6 烹煮安格列斯醬（→P.26），隔著冰水，冷卻至35～36℃，倒進適當打發的奶油裡面，用中高速攪拌（→P.27奶油霜的步驟2～4）〔b〕。

7 攪拌均勻後，加入咖啡萃取物拌勻〔c〕。

8 依照製作的進度，製作義式蛋白霜，冷卻後，倒進步驟7裡面切拌（→P.27奶油霜的步驟5～7）〔d～e〕。

9 用口徑5mm的圓形花嘴，把步驟8擠在步驟5的下殼，稍微與邊緣保留些間距，擠成漩渦狀，然後，外圍部分還要再重疊擠上一圈。因為中央要擠入流動狀的焦糖醬，所以要避免有縫隙，擠出緊密的外牆。

10 把步驟3的焦糖醬擠進奶油霜的中央〔f〕。

11 在上殼擠出略小圈的螺旋狀奶油霜〔g〕。重疊在步驟10上面，夾住內餡後按壓，排放在托盤上面〔h〕。

≡1 焦糖的焦化情況，會使味道改變。

洋梨栗子
Macaron poire et marron

加了榛果的馬卡龍，搭配裹上萊姆酒的栗子奶油霜與顆粒狀的栗子，
再夾上洋梨果凍，表現出秋天味覺的綿密馬卡龍。

洋梨栗子

Macaron poire et marron

Hazelnut macaron shell
Chestnut cream
Pear jelly
Broken marron gracés with rum

份量　直徑5.5cm 20個
＊準備14cm正方形模2個。

榛果馬卡龍
- ・蛋白霜
  - 蛋白——170g
    - ＊打散後，放置2～3天。
  - 微粒精白砂糖——155g
  - 杏仁粉——140g
  - 榛果（帶皮）——磨碎後70g
  - 糖粉——255g
- 糖粉（樹脂製烤盤墊用）——適量

洋梨果凍　14cm正方形模2個（50個）
- 片狀明膠——6g
- 洋梨白蘭地酒——20g
- 洋梨果泥（冷凍狀態下切成1cm丁塊）——210g
- 檸檬汁——10g
- 微粒精白砂糖——20g

栗子奶油霜
- 栗子醬——130g
- 奶油（恢復至常溫）——145g
- 砂糖——35g
- 萊姆酒——45g

配料
- 栗子（切成5mm丁塊）——100g
- 萊姆酒約——20g

Pear and chestnut macarons

Makes twenty 5.5-cm diameter macarons
*two 14-cm square cake rings

Hazelnut macaron shells
- ・Meringue
  - 170g egg whites
  - 155g caster sugar
  - 140g almond flour
  - 70g fresh coarsely ground shelled hazelnut
  - *grind hazelnuts in food grinder, just befor using
  - 255g confectioners' sugar
- confectioners' sugar, for dusting silicon baking sheet

Pear jelly, for two 14-cm square cake rings
- 6g gelatin sheets, soaked in ice-water
- 20g pear eau-de-vie (pear brandy)
- 210g frozen pear purée, cut into 1-cm cubes
- 10g fresh lemon juice
- 20g caster sugar

Chestnut cream
- 130g chestnut paste
- 145g unsalted butter, at room temperature
- 35g confectioners' sugar
- 45g rum

For the garnish
- 100g broken marron glaćes, cut into 5mm-cubes
- about 20g rum

a

b

c

d

e

f

g

h

i

j

k

l

製作洋梨果凍

1 把14cm正方形模放在OPP膜緊密貼覆的托盤上面，冷藏備用（→P.43準備模型用托盤）。

2 洋梨果泥裹上檸檬汁後解凍，製作果凍（→P.37）。倒進步驟1的方形模裡面抹平，放進急速冷凍庫凝固。

3 凝固之後，脫模，切成2.7cm丁塊，取50個備用。放進附蓋子的塑膠容器，放進冷凍庫備用。取出其中的20個備用。

準備榛果馬卡龍殼

4 榛果在準備製作之前，用研磨攪拌機絞碎成杏仁粉程度的粗細，取70g使用〔a〕，和杏仁粉、糖粉混合備用。

5 使用步驟4，依照基本的方式製作麵糊，擠出40片，表面乾燥後（→P.20，步驟1～7），用123℃的烤箱烘烤18分鐘〔b～c〕。出爐後，稍微放涼，再從樹脂製烤盤墊上取下。

製作栗子奶油霜

6 步驟5的馬卡龍殼的尺寸大小定型後，以2片一組的方式，排放在舖有白報紙的托盤上面備用。顏色較漂亮的那一面朝上。

7 栗子醬放進低速的攪拌機，攪拌成乳霜狀〔d〕。

8 奶油放軟至如照片般的柔軟程度〔e〕，倒進步驟7裡面後，進一步攪拌〔f〕。偶爾暫停攪拌機，把沾黏在鋼盆上的奶油刮至盆底，一邊進行攪拌。若材料偏硬的話，只要用瓦斯槍稍微加熱攪拌盆即可。

9 攪拌均勻後，加入糖粉，進一步用攪拌機攪拌〔g〕。當攪拌器的痕跡呈現筋狀殘留時，加入萊姆酒攪拌〔h～i〕。

10 用口徑5mm的圓形花嘴，把步驟9擠在步驟6的下殼，稍微與邊緣保留些間距，擠成漩渦狀。然後，外圍部分還要再重疊擠上一圈。

11 用萊姆酒拌開配料的栗子，撈一匙放進步驟10的中央〔j～k〕。

12 把步驟3的洋梨果凍放在上方，進一步擠上剩下的奶油霜，覆蓋住果凍〔l〕。把下殼重疊，夾住果凍後按壓，排放在托盤上面。

心形巧克力馬卡龍
Cœur de macaron chocolat

份量　長（模型的中心）11cm×寬12cm、
高度4cm的心形圈模3個

巧克力馬卡龍
- ・蛋白霜
  - 蛋白 —— 165g
    ＊打散後，放置2～3天。
  - 微粒精白砂糖 —— 180g
  - 杏仁粉 —— 195g
  - 可可粉 —— 20g
  - 糖粉 —— 150g
- 糖粉（樹脂製烤盤墊用） —— 適量

甘納許
- 黑巧克力（可可56%） —— 155g
  ＊用食物理機絞碎備用。
- 轉化糖 —— 15g
  ＊放在巧克力上面量秤。
  - 鮮奶油（乳脂肪38%） —— 20g
  - 牛乳 —— 100g
- 奶油（切成5mm丁塊。恢復至常溫） —— 40g

Chocolate heart macarons

Makes three heart-shaped macarons
*11-cm×12-cm×4-cm height heart-shaped cake ring

Chocolate macaron shells
- ・Meringue
  - 165g egg whites
  - 180g caster sugar
  - 195g almond flour
  - 20g cocoa powder
  - 150g confectioners' sugar
- confectioners' sugar for dusting silicon baking sheet

Chocolate cream filling
- 155g dark chocolate, 56% cacao
  *chop finely with food processor
- 15g invert sugar
  - 20g fresh heavy cream, 38% butterfat
  - 100g whole milk
- 40g unsalted butter, cut into 5-mm cubes, at room temperature

口感濕潤的大型馬卡龍，夾上口感輕盈、水分較多的甘納許，
使馬卡龍和甘納許一體化。柔滑的味道更加鮮明。

醋栗紫羅蘭

Macaron cassis et violette

Macaron shell with blackcurrants

Blackcurrant butter cream

Blackcurrant and violet jam

Macaron shell

份量　直徑5.5cm 20個

馬卡龍殼
- ‧蛋白霜
  - 蛋白——170g
    - ＊打散後，放置2～3天。
  - 微粒精白砂糖——195g
  - 杏仁粉——210g
  - 糖粉——215g
- 椰子細粉——適量
- 糖煮冷凍黑醋栗
  - ——下記取40粒（2粒／1個）
- 糖粉（樹脂製烤盤墊用）——適量

糖煮冷凍黑醋栗（→P.36）——基本份量

黑醋栗奶油霜
- ‧安格列斯醬
  - 牛乳——35g
  - 香草棒——1/10根
  - 微粒精白砂糖——30g
  - 蛋黃——30g
- 奶油（恢復至常溫）——110g
- 黑醋栗果泥（切成1cm丁塊後，解凍）——75g
- ‧義式蛋白霜　以下取40g使用
  - 蛋白——60g
  - 精白砂糖——105g
  - 水——25g

黑醋栗紫羅蘭果醬
- 黑醋栗果醬（→P.37果醬）——130g
- 紫羅蘭花的蒸餾水——0.5g

Blackcurrant and violet macarons

Makes twenty 5.5-cm diameter macarons

Macaron shells
- ‧Meringue
  - 170g egg whites
  - 195g caster sugar
  - 210g almond flour
  - 215g confectioners' sugar
- coconut fine shred
- 2 frozen blackcurrants compote for 1 cake, see below
- confectioners' sugar, for dusting silicon baking sheet

1 recipe frozen blackcurrant compote, see page36

Blackcurrant butter cream
- ‧Anglaise sauce
  - 35g whole milk
  - 1/10 vanilla bean
  - 30g caster sugar
  - 30g egg yolks
- 110g unsalted butter, at room temperature
- 75g frozen blackcurrant purée, cut into 1-cm cubes, and defrost
- ‧Italian meringue (use 40g)
  - 60g egg whites
  - 105g granulated sugar
  - 25g water

Blackcurrant and violet jam
- 130g blackcurrant jam, see page37
- 0.5g violet water (aromatic natural water)

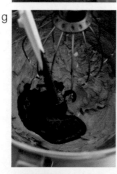

準備糖煮冷凍黑醋栗

1 糖煮冷凍黑醋栗把麵糊和配料用的使用量從冷藏取出，瀝乾水分，排放在廚房紙巾上備用。

製作馬卡龍殼

2 依照基本的方式製作麵糊，擠出5.5cm的大小40片（→P.20馬卡龍殼，步驟1~6）〔a~b〕。

3 用鑷子把步驟1的黑醋栗放在其中一半的麵糊上面，往下輕壓〔c〕。黑醋栗如果放置在邊緣，出爐後會變形，所以要放置在中央。

4 撒上椰子細粉後〔d〕，把方向對調，分別吹風8分鐘，使表面乾燥（→P.20馬卡龍殼，步驟7），用126℃的烤箱烘烤18分鐘以下〔e〕。出爐後，稍微放置一下，再從樹脂製烤盤墊上取下。

製作黑醋栗奶油霜

5 步驟4的馬卡龍殼的尺寸大小定型後，2片一組，把放有黑醋栗的那一面朝上，排放在舖有白報紙的托盤上面備用。

6 烹煮安格列斯醬（→P.26），隔著冰水，冷卻至35~36℃，倒進打發至適當程度的奶油裡面〔f〕，用中高速攪拌（→P.27奶油霜的步驟2~4）。

7 把解凍的黑醋栗果泥調整成22℃，分2次倒進步驟6裡面，一邊攪拌〔g〕。移到鋼盆裡面。

8 配合製作的進度，製作義式蛋白霜，冷卻，倒進步驟7裡面切拌均勻（→P.27奶油霜的步驟5~7）〔h〕。

9 用口徑4mm的圓形花嘴，把步驟8擠在步驟5的下殼，稍微與邊緣保留些間距，擠成漩渦狀，然後，外圍部分還要再重疊擠上一圈〔i〕。在上殼擠出小一圈的漩渦狀。

10 把紫羅蘭花的蒸餾水倒進黑醋栗果醬裡面拌勻，用口徑5mm的圓形花嘴，擠進步驟9的奶油霜裡面，分別擠入5~6g的漩渦狀。用鑷子放上3個步驟1瀝乾水分的糖煮黑醋栗，放在果醬上面，往下按壓〔j〕。

11 把上殼重疊在步驟10上面，夾住後按壓，排放在托盤上面。

修業地點的特產和自己的甜點——沒有從無到有的原創甜點

我在法國修業的1970年底～1980年初期間，不知道是不是因為當時的資訊不像現在這麼發達，還是因為模仿他人並不光彩的關係，每間甜點店的商品都有著各自的特色，同時也擁有專屬於自己的特產。例如「佩提耶（PELTIER）」的公主、天使的地獄、琥珀胡桃；「內琴米羅（Jean MILLET）」的聖馬克、總統；「莫杜依（Pierre MAUDUIT）」的長鼓等。不模仿他人，完全原創，似乎是件相當困難的事情，但當時真的有很多充滿個性的甜點店。

「內琴米羅」的甜點有著豐富的味道，另一方面，「佩提耶」的甜點設計則相當出色。每一家店都擁有相當鮮明的個性。

有個名叫加斯通·雷諾特（Gaston Lenotre）的人。那是我去法國之前的事情。他是第一個把甜點配方數值化，並創辦學校的人，對許多糕點師傅來說影響甚遠。拜雷諾特為師的甜點師傅們，開發出許多全新且美味的甜點。

雷諾特的經典甜點，名為舒斯的水果起司蛋糕，在「莫杜依」成了楓丹白露；在「佩提耶」則名為聖母峰，這些都是根據雷諾特廚藝學校的食譜所製成的。許多甜點店都會使用雷諾特廚藝學校的食譜。可是，各家甜點店都會自行改造食譜，製作成自己店裡獨有的甜點。改變配方的組合搭配，就可以製作出各不相同，「專屬於自己的甜點」。

我認為天底下沒有從無到有的原創甜點。就算如此，如果還能從中開發出專屬於個人風格的甜點，那將會是多棒的一件事。

修業時代的初期，我都是靠著在日本國內學會的技術，以及個人的守舊觀念在職場上工作。然後，在那段修業的過程中，我逐漸發現每家店的糕點師傅，都有專屬於自己的工作方式。於是，從那之後，我便開始重新學習任職店家的經營方式，以及對甜點的思考方式。我開始懂得思考，

為什麼這種甜點需要這項作業？最後我終於了解，所有作業都具有意義。重要的不是配方，而是想製作什麼？為什麼要那麼製作？這便是契機。

然後，回國之後，在我利用日本材料重現修業地點的甜點的過程中，我漸漸懂得如何去追求自己的味道，同時也開始學會幫傳承下來的甜點增添變化。

「佩提耶」的琥珀胡桃（→P.201）使用表面酥脆，內部濕潤的FOND D'AMANDE作為底部的麵糊。原本是把等量倒進蛋白霜所製成的，但是，我覺得口感有些沉重，所以就把它換成加了核桃的核桃海綿蛋糕。另外，「佩提耶」沒有在麵糊上塗抹酒糖液，我則是在2種麵糊上面塗上干邑白蘭地製成的酒糖液。透過這樣的改變，整體的味道變得更鮮明了。

「莫杜依」的特產長鼓。使用的奶油霜是，把凝固的奶油倒進剛烹煮好的溫熱甜點師奶油醬裡面，然後在冷卻之後，加入恢復至室溫的奶油，接著再用攪拌機打發製成的慕斯林奶油醬。表面則在抹上義式蛋白霜之後，製作出焦色。我則是把奶油醬改成安格列斯醬為基底的奶油霜，和甜點師奶油醬混合在一起，使口感變得更輕盈，更容易品嚐出裡面的水果風味。甚至，還把原本的傑諾瓦士海綿蛋糕改成彼士裘伊海綿蛋糕，酒糖液則從原本的康途酒改變成櫻桃酒，讓味道更紮實。藉此強調水果的素材感。

修業時代的特產就是我製作甜點的基礎所在。

格里索爾
Grisolle

Peach Chiboust cream
Red fruits sauce
Almond sponge cake
Chantilly cream
Mixture and garnish
Puff pastry

份量　直徑5.5cm×高度4cm的圓形圈模30個

＊準備直徑4cm×深度2cm的樹脂製圓形模、
　直徑4.7cm的切模、
　口徑6cm×深度1.5cm的塔模60個。

杏仁海綿蛋糕（→P.12）
　── 60×40cm烤盤1/2個
千層派皮（→P.16）
　── 已入模30個（約550g）
蛋液（全蛋）── 適量

料糊
全蛋 ── 270g
蛋黃 ── 60g
微粒精白砂糖 ── 45g
鮮奶油（乳脂肪38%）── 120g
牛乳 ── 75g
桃子甜露酒 ── 15g
桃子果泥（切成1cm丁塊後，解凍）── 45g

配料
桃子罐頭（切半）── 5塊

酒糖液　將以下材料混合
波美30°糖漿 ── 40g
桃子甜露酒 ── 30g
水 ── 20g

莓果醬
覆盆子果泥（冷凍狀態下切成1cm丁塊）── 105g
紅醋栗果泥（冷凍狀態下切成1cm丁塊）── 105g
檸檬汁 ── 10g
精白砂糖 ── 30g
覆盆子白蘭地酒 ── 10g
冷凍紅醋栗（整顆）── 2～3粒／1個

桃子口味的希布斯特奶油醬
桃子果泥（冷凍狀態下切成1cm丁塊）── 300g
蛋黃 ── 85g
精白砂糖 ── 65g
低筋麵粉 ── 40g
片狀明膠 ── 10g
桃子甜露酒 ── 60g
・義式蛋白霜
蛋白 ── 170g
精白砂糖 ── 250g
水 ── 60g

裝飾
香緹鮮奶油 ── 約5g／1個
・焦糖化用
精白砂糖、糖粉 ── 各適量
脆皮覆盆子（→P.30）── 適量

Peach Chiboust

Makes thirty round cakes
*5.5-cm diameter×4-cm height round cake ring,
4-cm diameter×2-cm depth tartlet
silicon mold tray,
4.7-cm diameter round pastry cutter,
6-cm diameter×1.5-cm depth millasson mold

1/2 sheet almond sponge cake
for 60×40-cm baking sheet pan, see page 12
about 550g puff pastry dough,
see page 16, for thirty millasson molds
whole egg for brushing

For the mixture
270g whole eggs
60g egg yolkes
45g caster sugar
120g fresh heavy cream, 38% butterfat
75g whole milk
15g peach liqueur
45g frozen peach purée,
cut into 1-cm cubes, and defrost

For the garnish
5 canned peaches halves in syrup

For the syrup
40g baume-30° syrup
30g peach liqueur
20g water

Red fruits sauce
105g frozen unsweetened raspberry purée,
cut into 1-cm cubes
105g frozen redcurrant purée,
cut into 1-cm cubes
10g fresh lemon juice
30g granulated sugar
10g raspberry eau-de-vie (raspberry brandy)
2 to 3 frozen redcurrants for 1 cake

Peach Chiboust cream
300g frozen peach purée,
cut into 1-cm cubes
85g egg yolks
65g granulated sugar
40g all-purpose flour
10g gelatin sheets, soaked in ice-water
60g peach liqueur
・Italian meringue
170g egg whites
250g granulated sugar
60g water

For décor
5g Chantilly cream, 42% butterfat, for 1 cake,
see page 62
・For caramelizing
granulated sugar, confectioners' sugar
Raspberry praline bits, see page 30

用桃子果汁製作的希布斯特奶油醬，
多汁且酸甜的紅莓醬，誘出桃子的香氣。

a

b

c

d

e

f

g

h

i

j

製作莓果醬

1　把直徑4cm×深度2cm的樹脂製圓形模放在托盤上，冷藏備用。

2　把檸檬汁、砂糖、覆盆子白蘭地酒混進解凍好的2種果泥裡面，用填餡器等分填入步驟1的模型裡面，分別放進2～3粒冷凍的紅醋栗。用急速冷凍機凝固。

3　凝固後，脫模，排放在托盤上面，放進冷凍庫保存〔a〕。

準備海綿蛋糕

4　杏仁海綿蛋糕用直徑4.7cm的切模壓切出30片，排放在托盤上備用。

製作桃子口味的希布斯特奶油醬

5　把直徑5.5cm的圓形圈模排放在OPP膜緊密貼覆的托盤，放在室溫下備用（→P.43準備模型用托盤）。

6　用桃子果泥代替牛乳，製作甜點師奶油醬（詳細參考→P.25）。把果泥放進手鍋，用IH調理器加熱，用橡膠刮刀一邊攪拌，一邊融化加熱〔b〕。

7　把蛋黃放進鋼盆打散，加入砂糖，充分磨擦攪拌，進一步加入低筋麵粉，粗略攪拌。加入少量步驟6溫熱的果泥，拌勻後〔c〕過濾。

8　步驟6煮沸後，一邊攪拌，一邊倒入步驟7，持續攪拌加熱直到充分煮透後，從火爐上移開〔d〕。

9　加入明膠拌勻〔e〕，完全融化後，加入桃子甜露酒拌勻〔f〕。

10　配合步驟9的製作進度，以同步進行的方式，把義式蛋白霜打發（→P.44果泥慕斯的步驟4），在溫度達到40℃的時候，關掉攪拌機。≡1

11　趁熱把少量的義式蛋白霜加入步驟9裡面，用打蛋器充分拌勻〔g〕。加入剩餘的蛋白霜之後，改用橡膠刮刀切拌均勻。最後，將盆底和側邊的殘餘部分刮乾淨〔h〕。義式蛋白霜的質地調整完成之後，便可進行入模。

12　把步驟11的希布斯特奶油醬，用口徑1.9cm的圓形花嘴，擠進步驟5的圓形圈模至8分滿，用湯匙的背面壓實，消除縫隙。把步驟3的莓果醬放入按壓〔i〕。

13　再繼續擠入希布斯特奶油醬，用湯匙的背面抹勻。步驟4的海綿蛋糕浸泡一下酒糖液，烤色面朝下，一邊旋轉，往下按壓〔j〕。

≡1　希布斯特奶油醬要同步製作甜點師奶油醬和義式蛋白霜，趁溫熱的時候將兩者混合，並快速擠進模型裡面。所有的作業都必須盡可能快速。

k

l

14 疊上OPP膜和托盤，往下按壓（→P.43冷凍之前），放進
　 急速冷凍庫凝固。凝固後，用托盤夾住，翻面，撕掉
　 OPP膜。用瓦斯槍加熱，脫膜後，排放在托盤上，放進
　 冷凍庫備用。

準備千層派皮

15 從冷凍庫中取出30個用口徑6cm的塔模入模的千層派皮
　 （→P.19有底的小模型），排放在烤盤上面。

m

n

16 把壓塔石放進另一個塔膜裡面，放在步驟15的上方
　 〔k〕，用168℃的烤箱共計約烘烤25分鐘。每隔8分
　 鐘、5分鐘、3分鐘取出，確認烤色後，對調模型的位
　 置，放回烤箱。在這個階段，只要呈現出如照片般的烤
　 色〔l〕，就可以連同模型一起把壓塔石拿掉，用筆塗抹
　 上蛋液，放回烤箱〔m〕。進一步烘烤3分鐘，同樣把位
　 置對調，再放回烤箱，最後再烘烤5分鐘，使烤色均
　 勻。只要達到這種程度的烤色〔n〕就可以了。

製作料糊

o

p

17 把全蛋和蛋黃放進鋼盆，用打蛋器打散，加入砂糖磨擦
　 攪拌。

18 把鮮奶油和牛乳混合，混入步驟17裡面，加入桃子甜露
　 酒、桃子果泥拌勻，過濾。

19 把配料的桃子（切半）縱切成4等分後，切成3塊〔o〕。
　 放2塊到步驟16的千層派皮裡面，用填餡器把步驟18的
　 料糊填入〔p〕。

q

r

20 步驟19用160℃的烤箱烘烤13分鐘左右。每隔8分鐘、3
　 分鐘取出，確認烤色，把模型的位置對調，避免烤色不
　 均。最後再烘烤2分鐘。竹籤從邊緣插入，脫模，確認
　 底部的烘烤情況〔q〕，並調整烘烤時間。只要差不多呈
　 現這樣的烤色，就OK了〔r〕。排放在舖有烘焙紙的托
　 盤上面，冷卻。

21 用口徑1.3cm的圓形花嘴，擠一點香緹鮮奶油在上方，
　 把步驟14的希布斯特奶油醬疊在上面，黏接〔s～t〕。
　 放進冷凍庫約冷凍10分鐘。

s

t

最後加工

22 在步驟21上面撒上2次精白砂糖、1次糖粉，進行焦糖化
　 （→P.196秋季的步驟25）。用手把脆皮覆盆子黏在希布
　 斯特奶油醬的邊緣。

秋季
Automne

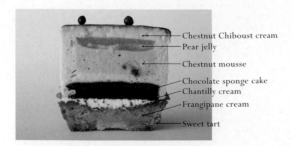

Chestnut Chiboust cream
Pear jelly
Chestnut mousse
Chocolate sponge cake
Chantilly cream
Frangipane cream
Sweet tart

份量　直徑5.5cm×高度4cm的圓形圈模30個
＊準備直徑4cm×深度2cm的樹脂製圓形模、
　直徑4.7cm的切模、
　口徑6cm×深度1.5cm的塔模30個。

巧克力海綿蛋糕（→P.14）
　　── 60×40cm烤盤1/2個
法式甜塔皮（→P.15）
　　── 已入模30個（約550g）
卡士達杏仁奶油醬（→P.26）── 520g

酒糖液A（海綿蛋糕用）將以下材料混合
┌ 波美30°糖漿 ── 45g
└ 干邑白蘭地 ── 80g

酒糖液B（卡士達杏仁奶油醬用）將以下材料混合
┌ 波美30°糖漿 ── 90g
└ 干邑白蘭地 ── 160g

栗子慕斯（內餡）
┌ ·栗子安格列斯醬
│ ┌ 牛乳 ── 65g
│ │ 栗子醬 ── 65g
│ │ 蛋黃 ── 25g
│ └ 精白砂糖 ── 5g
│ 片狀明膠 ── 3g
│ 干邑白蘭地 ── 20g
│ ·義式蛋白霜　以下取40g使用
│ ┌ 蛋白 ── 60g
│ │ 精白砂糖 ── 105g
│ └ 水 ── 25g
│ 乳霜（→P.43）── 75g
│ 干邑白蘭地 ── 10g
└ 栗子（切成5mm丁塊）── 45g

洋梨果凍（內餡）
┌ 片狀明膠 ── 4g
│ 洋梨白蘭地酒 ── 15g
│ 洋梨果泥（冷凍狀態下切成1cm丁塊）── 180g
│ 檸檬汁 ── 10g
└ 微粒精白砂糖 ── 15g

栗子口味的希布斯特奶油醬
┌ 栗子醬 ── 115g
│ 牛乳 ── 155g
│ 蛋黃 ── 65g
│ 精白砂糖 ── 30g
│ 低筋麵粉 ── 30g
│ 片狀明膠 ── 10g
│ 萊姆酒A ── 50g
│ ·義式蛋白霜
│ ┌ 蛋白 ── 155g
│ │ 精白砂糖 ── 230g
│ └ 水 ── 60g
│ ·配料
│ ┌ 栗子（切成5mm丁塊）
│ │ 　── 115g
└ └ 萊姆酒B ── 25g

裝飾
┌ 香緹鮮奶油 ── 約5g／1個
│ ·焦糖化用
│ ┌ 精白砂糖、糖粉 ── 各適量
│ 脆皮杏仁（→P.30）── 適量
└ 粉紅胡椒 ── 4粒／1個

Autumn

Makes thirty round cakes
*5.5-cm diameter×4-cm height round cake ring,
4-cm diameter×2-cm depth tartlet
silicon mold tray,
6-cm diameter×1.5-cm depth millasson mold,
4.7-cm diameter round pastry cutter

1/2 sheet chocolate sponge cake A for
60×40-cm baking sheet pan, see page 14
about 550g sweet tart dough, see page 15,
for thirty millasson molds
520g frangipane cream, see page 26

For the syrupA, for chocolate sponge cake
┌ 45g baume-30° syrup
└ 80g cognac

For the syrupB, for frangipane cream
┌ 90g baume-30° syrup
└ 160g cognac

Chestnut mousse
┌ · Chestnut anglaise sauce
│ ┌ 65g whole milk
│ │ 65g chestnut paste
│ │ 25g egg yolks
│ └ 5g granulated sugar
│ 3g gelatin sheet, soaked in ice-water
│ 20g cognac
│ · Italian meringue (use 40g)
│ ┌ 60g egg whites
│ │ 105g granulated sugar
│ └ 25g water
│ 75g whipped heavy cream, see page 44
│ 10g cognac
└ 45g broken marron glacés, cut into 5mm-cubes

Pear jelly
┌ 4g gelatin sheets, soaked in ice-water
│ 15g pear eau-de-vie (pear brandy)
│ 180g frozen pear purée, cut into 1-cm cubes
│ 10g fresh lemon juice
└ 15g caster sugar

Chestnut Chiboust cream
┌ 115g chestnut paste
│ 155g whole milk
│ 65g egg yolks
│ 30g granulated sugar
│ 30g all-purpose flour
│ 10g gelatin sheets, soaked in ice-water
│ 50g rum A
│ · Italian meringue
│ ┌ 155g egg whites
│ │ 230g granulated sugar
│ └ 60g water
│ · For the garnish
│ ┌ 115g broken marron glacés, cut into 5mm-cubes
└ └ 25g rumB

For décor
┌ about 5g Chantilly cream,
│ 42% butterfat, for 1 cake, see page 62
│ · for caramelizing
│ ┌ granulated sugar, confectioners' sugar
│ praline bits, see page 30
└ 4 pink peppers for 1 cake

栗子風味的希布斯特奶油醬把混入干邑白蘭地的栗子慕斯和洋梨果凍包覆在其中。
微苦的巧克力海綿蛋糕和微辣的粉紅胡椒，形成大人的味覺。

琥珀胡桃

Ambre noix

Praline custard cream,
Caramelized walnuts

Sacher sponge cake

Chocolate custard cream,
Caramelized walnuts

Walnut sponge cake

份量　7.5cm×3cm 45個
＊準備40×30cm、高度4.5cm的方形模1個。

沙赫蛋糕　42×32cm 1個
- 生杏仁霜──110g
- 糖粉──40g
  - 全蛋──40g
  - 蛋黃──70g
- ・蛋白霜
  - 蛋白──110g
  - 微粒精白砂糖──40g
- 低筋麵粉──35g
- 可可粉──35g
- 融化奶油──35g

核桃海綿蛋糕　42×32cm 1個
- 核桃──磨成略粗的粉末65g
- 糖粉──65g
- 蛋黃──100g
- ・蛋白霜
  - 蛋白──100g
  - 微粒精白砂糖──65g
- 低筋麵粉──40g

酒糖液　將以下材料混合
- 波美30°糖漿──135g
- 干邑白蘭地──50g
- 萊姆酒──50g
- 水──80g

甜點師奶油醬
- 牛乳──1200g
- 香草棒──1根
- 蛋黃──240g
- 精白砂糖──260g
- 低筋麵粉──60g
- 玉米粉──60g

堅果糖奶油霜
- 甜點師奶油醬（常溫）
  ──左記取710g
- 堅果糖──285g
- 片狀明膠──15g
- 干邑白蘭地──20g
- 乳霜（→P.43）──710g
- 焦糖杏仁糖──從下記取140g

巧克力奶油醬
- 黑巧克力（可可56%）──85g
- 甜點師奶油醬（冷藏）
  ──左記取850g
- 奶油（恢復至常溫）──130g
- 焦糖核桃糖──從下記取140g

焦糖核桃糖
- 核桃（切半）──180g
- 精白砂糖──140g
- 水飴──50g

淋醬
- 鏡面果膠──280g
- 咖啡萃取物──6g

裝飾
- 核桃（切半）──1個／1個
- Raftisnow──適量

Ambre noix

Makes forty-five 7.5-cm×3-cm rectangle cakes
*40×30-cm,4.5-cm height rectangular cake ring

Sacher sponge cake, for one 42×32-cm
- 110g raw marzipan
- 40g confectioners' sugar
  - 40g whole eggs
  - 70g egg yolks
- ・Meringue
  - 110g egg whites
  - 40g caster sugar
- 35g all-purpose flour
- 35g cocoa powder
- 35g melted unsalted butter

Walnut sponge cake, for one 42×32-cm
- 65g walnuts, coarsely ground
- 65g confectioners' sugar
- 100g egg yolks
- ・Meringue
  - 100g egg whites
  - 65g caster sugar
- 40g all-purpose flour

For the syrup
- 135g baume-30° syrup
- 50g cognac
- 50g rum
- 80g water

Custard cream
- 1200g whole milk
- 1 vanilla bean
- 240g egg yolks
- 260g granulated sugar
- 60g all-purpose flour
- 60g corn starch

Praline custard cream
- 710g custard cream, see above,
  at room temperature
- 285g praline paste
- 15g gelatin sheets, soaked in ice-water
- 20g cognac
- 710g whipped heavy cream, see page44
- about 140g caramelized walnuts, see below

Chocolate custard cream
- 85g dark chocolate, 56% cacao
- 850g custard cream, see above, chilled
- 130g unsalted butter, at room temperature
- about 140g caramelized walnuts, see below

Caramelized walnuts
- 180g walnuts halves
- 140g granulated sugar
- 50g starch syrup

For the glaze
- 280g neutral glaze
- 6g coffee extract

For décor
- 1 walnut half for 1 cake
- raftisnow

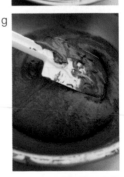

製作沙赫蛋糕

1 60×40cm的烘焙紙在距離邊緣42×32cm處摺出摺痕，平舖在60×40cm的烤盤上面（→P.120覆盆子的步驟5）。

2 把生杏仁霜和糖粉放進攪拌盆，裝上拌打器，用低速攪拌〔a〕。攪拌至某程度後，少量分次加入雞蛋〔b～c〕。為避免造成結塊，要在每次拌勻之後，再加入下一次的雞蛋。在中途把沾黏在攪拌盆上的麵糊刮進攪拌盆。產生光澤，拌打器的痕跡變明顯後，倒進鋼盆〔d〕。

3 用蛋白和砂糖製作蛋白霜，打發後（→P.12杏仁海綿蛋糕的步驟3～4），撈1坨到步驟2裡面。用橡膠刮刀稍微翻拌4～5次，把充分混合的低筋麵粉和可可粉過篩加入，一邊切拌。粗略攪拌後，加入融化奶油〔e〕，進一步切拌。

4 攪拌均勻後，調整剩餘的蛋白霜的質地，加入少量，以相同方式攪拌，呈現大理石狀後，加入剩餘的蛋白霜，以相同方式拌勻〔f～g〕。

5 倒進步驟1的烤盤攤平，用手指摩擦邊緣一圈，依照基本的方式烘烤（→P.12杏仁海綿蛋糕的步驟9～10）。出爐後，從烤盤上拿下來，放涼備用〔h〕。在直接黏著烘焙紙的情況下，放上方形模，壓切出形狀。

製作核桃海綿蛋糕

6 核桃和焦糖核桃糖的用量混在一起，像照片那樣，預先把乾枯、變色的劣質品〔i〕（照片裡面的是良品）挑掉。趁這段期間，用食物調理機把麵糊用的核桃磨碎成略粗的粉末〔j〕，取65g起來使用。

7 利用與步驟1相同的方式準備烤盤，參考杏仁海綿蛋糕（→P.12），把杏仁粉換成步驟6的核桃粉，烘烤核桃海綿蛋糕。烘烤溫度設為205℃，烘烤4分鐘，把前後方向對調之後，再烘烤4分鐘以下。出爐後放涼備用。和步驟5相同，在直接黏著烘焙紙的情況下，切掉海綿蛋糕的邊緣。

製作海綿蛋糕

1 和覆盆子的步驟5（→P.120）相同，準備烘焙紙，把杏仁海綿蛋糕鋪平在2塊42×32cm的烘焙紙上面，用208℃烘烤4分鐘後，把烤盤的方向對調，持續烘烤4分鐘後，放涼，用40×30cm的方形模壓切。

製作甜點師奶油醬

2 烹煮甜點師奶油醬，急速冷卻，熱度消退後，冷藏備用（→P.25）。

準備配料

3 芒果避開種籽，沿著種籽的上下，橫切成1/3左右的厚度〔a〕。這裡不使用種籽周邊的部分。果皮朝下放置，把佩蒂小刀平貼，切除果皮，將半片切成12等分〔b～c〕。每顆芒果切成24塊。≡1

4 奇異果去除頭部的花萼，去除果皮後，縱切成對半，切除中央的軸芯部分〔d〕。進一步縱切成對半後，各自切成3等分（半塊切成6等分）。每顆切成12塊。

5 把步驟3和步驟4排放在托盤上，冷藏備用。

製作奶油霜 ≡2

6 烹煮安格列斯醬（→P.26），隔著冰水攪拌，讓溫度降低至35～36℃。

7 把甜點師奶油醬放進攪拌盆，用中高速攪拌成乳霜狀。

8 把放軟至常溫狀態的奶油倒進步驟7稍微攪拌，拌勻後，分3次把步驟6的安格列斯醬倒入，同樣用中高速攪拌〔e～f〕。

9 把步驟8倒進鋼盆，加入櫻桃酒，用打蛋器拌勻〔g〕。

10 配合步驟9的製作進度，製作義式蛋白霜，倒進鋼盆急速冷卻後，再倒進步驟9裡面拌勻（→P.27奶油霜的步驟5～7）〔h～i〕。

組裝

11 把40×30cm的方形模放在托盤上。

12 把酒糖液分成2等分。把步驟1的一片海綿蛋糕的烘焙紙撕下來，翻到背面，用刷子把第1次的酒糖液確實塗抹在撕掉烘焙紙的那一面，約抹上一半份量。翻面，讓烤色面朝上，對齊邊緣，放進步驟11的模型裡面。抹上剩下的酒糖液，用抹刀抹平，讓海綿蛋糕吸收酒糖液〔j〕。

13 用橡膠刮刀把步驟10的奶油霜的1/4份量撈放在各處，用L型抹刀抹平。

14 步驟13以橫長方向擺放，排入配料。首先，擺放高度3cm以下的草莓，橫向10個、縱向7個。奇異果放進水平線條上的草莓之間〔k〕。芒果放進垂直線條上的草莓之間〔l〕。覆盆子和藍莓放在水平線條上的芒果之間〔m〕。≡3

15 首先，用口徑8.5mm的圓形花嘴，把奶油霜擠在模型周圍，接著，往水平方向，把奶油霜擠在水果之間〔n〕。用L型抹刀抹平，填滿水果之間的縫隙，如果還可以看到水果，就再稍微補上一些奶油霜，抹平〔o〕。

16 剩下的海綿蛋糕，把第2次的酒糖液塗抹在烤色面〔p〕，將烤色面朝下，放在步驟15的上面。用較小的托盤按壓，抹平，再把剩下的酒糖液塗抹在表面，用托盤確實壓平〔q〕。用抹刀抹平，讓海綿蛋糕吸入酒糖液。

＊這裡要用較小的托盤確實按壓，消除縫隙。

17 繼續把奶油霜擠在步驟16上面，塗抹上薄薄的一層，就像步驟18塗抹披覆用奶油霜那樣，把表面抹平〔r〕。

18 進一步攪拌剩餘的奶油霜，調整質地之後〔s〕，同樣塗抹在上方。塗抹2次之後，海綿蛋糕就能被完全遮蔽〔t〕。蓋上蓋子，冷藏半天。≡4

19 取出步驟18，淋上淋醬，均勻薄塗上1～2mm。如果太厚，就會變得太甜，要多加注意。蓋上蓋子，冷藏一個晚上。

最後加工

20 隔天，取出步驟19，用瓦斯槍稍微加熱模型，脫模。用加熱的鋸齒刀切掉邊緣，由於剛切開的水果剖面是最漂亮的，所以建議每次只切出必要份量，尺寸大小為6×3.5cm（→P.129熱帶的步驟19）。

≡1 整體往往偏甜，所以為了增加味覺的強弱，使味道更加美味，便使用帶有酸味的菲律賓芒果。
≡2 修業地點是採用甜點師奶油醬和奶油來製作奶油霜，但為了製作出更輕盈的口感，所以便做了改變（→P.186）。
≡3 水果的挑選重點是，果肉較硬且帶有酸味、香氣的種類。排放時只要注意切開後的剖面是否能完美呈現就行了。
≡4 攪拌越久，質地會變得越細緻，口感就會變得沉重，所以只有塗在蛋糕表面的奶油霜需要確實攪拌。表面的淋醬完美抹平。

天使的地獄
Enfer des Anges

Raw marzipan

Almond sponge cake (génoise)

Mixture (with raw marzipan) with candied orange peel

份量　直徑14cm、深度3.5cm的曼克模型3個

傑諾瓦士海綿蛋糕
- 全蛋 —— 200g
- 微粒精白砂糖 —— 120g
  - 低筋麵粉 —— 105g
  - 杏仁粉 —— 35g
- 融化奶油 —— 45g

酒糖液　將以下材料混合
- 波美30°糖漿 —— 80g
- 干邑橙酒 —— 55g
- 水 —— 50g

自製生杏仁霜　完成後約545g
- 杏仁粉（西班牙，Marcona品種）—— 250g
- 砂糖 —— 250g
- 蛋白 —— 45g

料糊
- 自製生杏仁霜（上記）—— 185g
- 干邑橙酒 —— 30g
- 奶油（恢復至常溫）—— 90g
- 糖漬橙皮碎末（→P.34解凍）—— 35g
- ·義式蛋白霜　以下取45g使用
  - 蛋白 —— 60g
  - 精白砂糖 —— 105g
  - 水 —— 25g

披覆用生杏仁霜
- 自製生杏仁霜（→上記）—— 350g
- 蛋白 —— 60g

淋醬
杏桃果醬 —— 適量

Enfer des Anges

Makes three round cakes
*14-cm diameter×3.5-cm depth round cake pan"moule à manquer"

Almond sponge cake (method génoise)
- 200g whole eggs
- 120g caster sugar
  - 105g all-purpose flour
  - 35g almond flour
- 45g melted unsalted butter

For the syrup
- 80g baume-30° syrup
- 55g Grand Marnier
- 50g water

Homemade raw marzipan, makes about 545g
- 250g almond flour
- 250g confectioners' sugar
- 45g egg whites

For the mixture
- 185g homemade raw marzipan, see above
- 30g Grand Marnier
- 90g unsalted butter, at room temperature
- 35g candied orange peel, chopped finely, see page34
- · Italian meringue (use 45g)
  - 60g egg whites
  - 105g granulated sugar
  - 25g water

Raw marzipan, for finishing
- 350g homemade raw marzipan, see above
- 60g egg whites

For the glaze
apricot jam

質樸的杏仁海綿蛋糕和杏仁奶油的組合，隱約散發著柑橘香氣。
為「佩提耶」的特產加上些許變化。

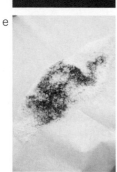

製作莓果果凍

1 把直徑3cm的樹脂製半球模型放在托盤上，放在室溫下備用。

2 把檸檬汁和砂糖加進融化奶油裡面拌勻，和用酒融化的明膠混合在一起〔a〕，製作出莓果果凍（→P.37果凍）。

3 把步驟1取出，用填餡器把步驟2平均填進模型裡面（24個），分別放進1粒配料用的整顆冷凍紅醋栗，再撈1湯匙覆盆子碎粒加入，按壓〔b～c〕。放進急速冷凍庫凝固。

4 凝固後，取出步驟3，放在鋪有OPP膜的托盤上面，蓋上蓋子，放進冷凍庫備用。

製作草莓蛋白霜

5 把直徑6cm的樹脂製半球模型放在托盤上，放在室溫下備用。

6 除了冷凍草莓粉之外，把粉末類材料〔d〕混合在一起過篩。因為草莓粉容易沾染濕氣，所以要等到使用之前再混合〔e〕。

7 參考榛果達克瓦茲的步驟3～5（→P.23），把蛋白霜打發。色素在加入第一次砂糖之後隨即加入〔f～g〕。

8 參考榛果達克瓦茲的步驟6～7，把蛋白霜移到鋼盆，分次倒入粉末類材料，一邊切拌混合〔h～i〕。

9 用口徑8mm的圓形花嘴，把步驟8擠進步驟5的模型裡面，以漩渦狀的方式擠入〔j〕。連同模型一起向下輕敲，使分布均勻，用湯匙的背面擴大凹洞，使厚度均勻之後，把麵糊邊緣擦乾淨〔k〕。厚度如果太厚，出爐時就會龜裂，所以厚度要維持在5mm左右。

10 用80℃的烤箱烘烤3小時半。每隔1小時半，把模型的方向對調，共計2次，以避免烘烤不均。出爐後放涼，放進裝有乾燥劑的罐子密封保存〔l〕。

＊麵糊也可以製作出24個以上的數量，所以多烘烤一些，用來作為最後加工用。

最後加工

11 莓果果凍在最後加工的1小時前取出，表面稍微融化之後，把各2個半球合併成1顆球，排放在舖有OPP膜的托盤上面，放進冷藏解凍。使用之前，用廚房紙巾擦掉水分。

12 把步驟10的蛋白霜放在塔模等較小的模型裡面。剩下的部分蛋白霜，用過濾網篩過濾，製成粉末備用。

13 製作覆盆子奶油霜。用中高速的攪拌機把奶油攪拌至泛白程度，接著，倒進砂糖打發〔m〕。

14 把解凍的覆盆子果泥少量分次倒進步驟13裡面，一邊進行攪拌〔n～o〕。因為容易分離，所以果泥要逐次少量加入。最後，櫻桃酒分2次倒入攪拌。

15 把步驟12的模型排放在乾毛巾上面，避免模型移動。用口徑7mm的圓形花嘴，把步驟14的奶油霜，從中央開始往邊緣擠〔p〕。把步驟11的果凍放進一半份量的蛋白霜裡面，往下按壓。在果凍周圍擠出一圈奶油霜，把剩下擠好奶油霜的蛋白霜放在上面，往下按壓〔q～r〕。

16 用抹刀抹除在步驟15的作業中所漏出的奶油霜，再沾上步驟12製成粉末的蛋白霜〔s～t〕。

猛然憶起修業時代的甜點⋯⋯。

在法國修業的時候，當時日本還沒有介紹法國甜點店的情報雜誌。某次我在街上偶然發現一間名為「佩提耶」的甜點店，那是一間小巧可愛的甜點店。看到陳列在窗戶旁的甜點，我的視線馬上就被鎖住了。真美啊～

我馬上走進店裡選購，當時購買的是香橙塔。仔細烘烤的甜塔皮裡裝滿了柑橘奶油醬，表面則有些許的焦糖化，吃進嘴裡的那種美味感受實在是難以言喻。當下馬上產生「我也想製作這種甜點」的念頭，於是我便馬上折返回去，拜託店家讓我在店裡工作。那次之後，我還去拜託了好幾次，甚至還寫了信，最後，我花了3年的時間，佩提耶才終於同意讓我在店裡工作。

回到日本之後，我一直製作與「佩提耶」相同的香橙塔（→P.222）。某次，我在心裡想著，有沒有什麼方法可以進一步凸顯柑橘感呢？於是，我便把柑橘果凍放在柑橘奶油醬的正中央，同時也在表面抹上奶油醬，然後進行焦糖化。在塔派裡面放果凍的做法，便是從那個時候開始的。還有百香果塔也是，裡面也放了百香果果凍。

「佩提耶」的熱銷商品，球狀造型的公主（→左下照片）。在巨大的法式蛋糕中央綁上水藍色的緞帶。在出爐的蛋白霜中央，交疊放入掐碎的焦糖杏仁糖和奶油霜。在蛋白霜的表面烤出隱約的焦色，為避免沾染濕氣，奶油醬是由義式蛋白霜和奶油混合而成。法式蛋糕是直徑達15cm的較大尺寸，甜的蛋白霜和奶油霜對我來說略顯沉重，因此，本書是在中央配置製成球狀的酸味紅莓果醬，藉此增加味覺的強弱感受，這便是我進一步改造而成的莓果公主（→P.216）。

紅醋栗蛋白霜餅乾（→P.225）是我在阿爾薩斯接觸到的甜點，因為一時的猛然憶起而開始製作。那個甜點是把輕奶油醬擠進剛出爐的圓形千層酥皮裡面，再放上紅醋栗，然後把蛋白霜抹平進行烘烤。透過香甜蛋白霜的酥脆口感，感受裡面的紅醋栗酸味，相當的美味。我之前一直希望哪天能把它製作成小蛋糕。結果製作出來的便是這個紅醋栗蛋白霜餅乾。使用混入紅醋栗的義式蛋白霜，以波蘭舞曲為形象的蛋糕。

就像這樣，年輕時期在法國看過、吃過的甜點，至今仍會偶然憶起。

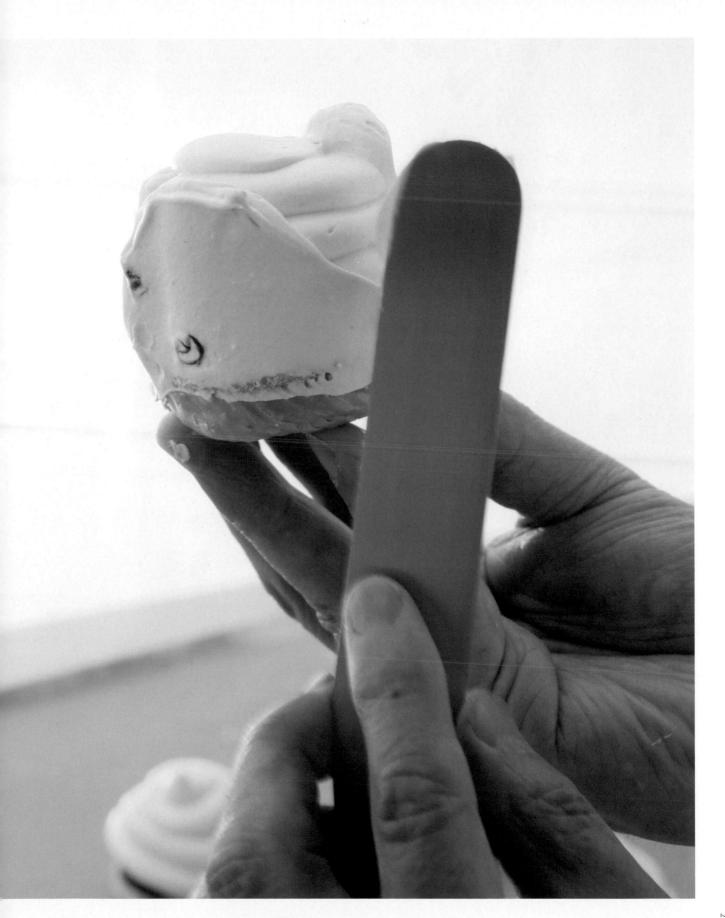

香橙塔
Tartlette orange

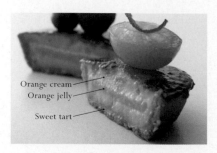

Orange cream
Orange jelly
Sweet tart

份量　口徑6cm×深度1.5cm塔模 20個
＊準備口徑5.5cm的樹脂製馬芬模型、
　比使用模型大一尺寸的切模、
　口徑6cm左右的製菓用鋁箔塔模20個。

法式甜塔皮（→P.15）
　── 已入模20個（約550g）

柑橘果凍
┌ 片狀明膠 ── 3g
│ 柑橘香甜酒 ── 3g
│ 柑橘汁 ── 50g
│ 濃縮柑橘汁 ── 50g
└ 微粒精白砂糖 ── 5g

柑橘奶油醬
┌ 微粒精白砂糖 ── 80g
│ 低筋麵粉 ── 20g
│ 全蛋 ── 60g
│ 蛋黃 ── 160g
│ 濃縮柑橘汁 ── 150g
│ 融化奶油 ── 110g
└ 柑橘香甜酒 ── 20g

焦糖化用
精白砂糖 ── 適量

裝飾
┌ 鏡面果膠 ── 適量
│ 糖漬金桔（切半→P.36）── 1塊／1個
│ 糖煮橙皮（→P.38糖煮萊姆皮）── 1條／1個
└ 覆盆子、藍莓 ── 各1粒／1個

Orange tartlet

Makes twenty tartlets
*6-cm diameter×1.5-cm depth millasson mold,
5.5-cm diameter muffin silicon mold tray,
about 10-cm diameter round pastry cutter

about 550g sweet tart dough for twenty millasson molds, see page15

Orange jelly
┌ 3g gelatin sheets, soaked in ice-water
│ 3g Mandarine Napoléon (orange liqueur)
│ 50g squeezed orange juice
│ 50g orange concentrated preparation
└ 5g caster sugar

Orange cream
┌ 80g caster sugar
│ 20g all-purpose flour
│ 60g whole eggs
│ 160g egg yolks
│ 150g orange concentrated preparation
│ 110g melted unsalted butter
└ 20g Mandarine Napoléon (orange liqueur)

for caramelizing
granulated sugar

For décor
┌ neutral glaze
│ 1 kumquat compote half, for 1 cake, see psge36
│ 1 candied orange peel for 1 cake,
│ see page 38"candied lime peel"
└ each one raspberry and blueberry for 1 cake

「佩提耶」的甜點。酥脆的塔皮、濃郁的柑橘奶油醬、焦糖化的微苦、微酸的果凍。
以絕妙的組合，品嚐柑橘的風味。

復活

Néo

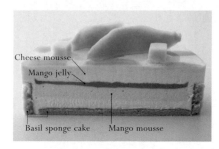

Cheese mousse
Mango jelly
Basil sponge cake　　Mango mousse

份量　直徑14cm×高度4.5cm的圓形圈模5個
＊準備直徑12cm×高度2cm的圓形圈模5個、
　直徑12cm的切模。

羅勒風味的海綿蛋糕
┌ 杏仁海綿蛋糕（→P.12）
│　　── 60×40cm烤盤1個
│ ・羅勒的香草醬　以下取30g使用
│ ┌ 羅勒葉 ── 40g
│ │ 檸檬汁 ── 7g
└ └ EXV橄欖油 ── 70g

芒果慕斯（內餡）
┌ 芒果果泥（冷凍狀態下切成1cm丁塊）── 100g
│ 檸檬汁 ── 10g
│ 片狀明膠 ── 4g
│ 櫻桃酒 ── 5g
│ ・義式蛋白霜　以下取80g使用
│ ┌ 蛋白 ── 60g
│ │ 精白砂糖 ── 105g
│ └ 水 ── 25g
└ 乳霜（→P.43）── 105g

芒果果泥（內餡）
┌ 片狀明膠 ── 5g
│ 櫻桃酒 ── 10g
│ 芒果果泥（冷凍狀態下切成1cm丁塊）── 205g
│ 檸檬汁 ── 10g
└ 微粒精白砂糖 ── 12g

白慕斯
┌ 馬斯卡彭起司 ── 115g
│ 白乳酪 ── 340g
│ ・炸彈麵糊
│ ┌ 蛋黃 ── 85g
│ │ 精白砂糖 ── 130g
│ └ 水 ── 35g
│ 片狀明膠 ── 13g
│ 櫻桃酒 ── 20g
│ 檸檬汁（常溫）── 45g
└ 乳霜 ── 490g

繪圖用羅勒鏡面果膠　以下取100g使用
┌ 鏡面果膠 ── 450g
│ ・羅勒香草醬
│ ┌ 羅勒葉 ── 45g
│ │ 檸檬汁 ── 25g
└ └ EXV橄欖油 ── 45g

淋醬
鏡面果膠 ── 200g

裝飾
┌ 芒果乾 ── 適量
└ 芒果 ── 1cm丁塊10塊／1個

Néo

Makes five round whole cakes
＊five 14-cm diameter×4.5-cm
height round cake rings,
five 12-cm diameter×2-cm height round
cake rings,
12-cm diameter round pastry cutter

Basil sponge cake
┌ 1 sheet almond sponge cake for 60×40-cm
│ baking sheet pan, see page 12
│ ・Basil sauce (use 30g)
│ ┌ 40g basil leaves
│ │ 7g fresh lemon juice
└ └ 70g EXV olive oil

Mango mousse
┌ 100g frozen mango purée,
│ cut into 1-cm cubes
│ 10g fresh lemon juice
│ 4g gelatin sheets, soaked in ice-water
│ 5g kirsch
│ ・Italian meringue (use 80g)
│ ┌ 60g egg whites
│ │ 105g granulated sugar
│ └ 25g water
└ 105g whipped heavy cream, see page 44

Mango jelly
┌ 5g gelatin sheets, soaked in ice-water
│ 10g kirsch
│ 205g frozen mango purée,
│ cut into 1-cm cubes
│ 10g fresh lemon juice
└ 12g caster sugar

Cheese mousse
┌ 115g mascarpone
│ 340g fresh cheese (fromage blanc)
│ ・Iced bombe mixture
│ ┌ 85g egg yolks
│ │ 130g granulated sugar
│ └ 35g water
│ 13g gelatin sheets, soaked in ice-water
│ 20g kirsch
│ 45g fresh lemon juice,
│ at room temperature
└ 490g whipped heavy cream

Basil glaze for decorating piping (use 100g)
┌ 450g neutral glaze
│ ・Basil sauce
│ ┌ 45g basil leaves
│ │ 25g fresh lemon juice
└ └ 45g EXV olive oil

For the glaze
200g neutral glaze

For décor
┌ dried mangos
└ 10 pieces 1-cm cubes fresh mango for 1 cake

羅勒海綿蛋糕和芒果果凍的香氣，演繹出乳酪慕斯的華麗印象。
表現出羅勒、芒果與起司的「全新邂逅」。

a　　　　b

c　　　　d

e　　　　f

製作內餡

1 把直徑12cm的圓形圈模，排放在OPP膜緊密貼覆的托盤上面，放在室溫下（→P.43準備模型用托盤）。

2 參考果泥慕斯（→P.44），製作芒果慕斯。

3 用湯勺分別把步驟2的慕斯（60g）撈進步驟1的圓形圈模裡面，用握柄彎曲的湯匙背面壓實，消除縫隙，使表面平坦。放進急速冷凍庫凝固。

4 參考果凍（→P.37），製作芒果果凍。

5 取出步驟3，用填餡器把步驟4（45g）填進模型裡面，以相同方式凝固，製作內餡（→P.37）。

6 凝固後，脫模，排放在托盤上，放進冷凍庫備用〔a〕。

準備海綿蛋糕

7 參考香草海綿蛋糕（→P.13），製作羅勒風味的海綿蛋糕〔b～e〕。出爐後，放涼備用。☰1

8 步驟7的海綿蛋糕切成3×48cm的帶狀，取5條使用。剩下的海綿蛋糕用直徑12cm的切模，取5片作為底部用，排放在托盤上。

9 把直徑14cm的圓形圈模排放在OPP膜緊密貼覆的托盤上面。參考巴望舞的步驟10～11（→P.232），把步驟8的帶狀海綿蛋糕和底部用海綿蛋糕裝進模型裡面〔f〕。可是，海綿蛋糕不使用酒糖液。☰2

☰1 羅勒海綿蛋糕使用沒有進行過濾的羅勒香草醬，所以可以進一步感受到嘴裡的香氣殘留。
☰2 羅勒碰到酒精後，香氣會消失，所以不使用酒糖液。

g

h

i

j

k

l

製作白慕斯

10 參考里維埃拉的步驟3～8（→P.64），製作白慕斯〔g～
　 h〕。

11 用口徑1.3cm的圓形花嘴，把步驟10的慕斯擠進步驟9
　 的模型裡面，至側面的海綿蛋糕的一半高度〔i〕。用湯
　 匙的背面壓實，消除縫隙，使表面平坦。

12 取出步驟6的內餡，把果凍那一面朝上放入，往下按
　 壓，避免產生縫隙〔j〕。把慕斯擠進模型裡面，擠滿
　 後，同樣用湯匙背面壓實，消除縫隙，用抹刀抹平表面
　 數次，把邊緣溢出的慕斯清除乾淨〔k～l〕。蓋上蓋
　 子，放進急速冷凍庫凝固。

最後加工

13 製作鏡面果膠。參考香草海綿蛋糕的步驟1～2（→
　 P.13），製作羅勒香草醬，過濾到鋼盆裡面。再倒進鏡
　 面果膠裡，拌勻。使用其中的100g。
　 ＊過濾之後，口感會變得柔滑。

14 製作一塊尺寸與使用模型相近的塑膠板（利用塑膠容器的
　 蓋子等），把塑膠板挖空，製作出橢圓形圖樣。順便製
　 作凸出的把手。

15 取出步驟12，把步驟14的模型平貼在表面，用口徑
　 4mm的圓形花嘴，在挖洞的部分擠出羅勒鏡面果膠，並
　 用抹刀抹勻。脫模，放進冷凍庫確實凝固。

16 取出步驟15，淋上鏡面果膠，用抹刀抹勻，把周邊修整
　 好之後，放進冷凍庫，使鏡面果膠凝固。用瓦斯槍加熱
　 脫模。放進冷凍庫保存。

17 把步驟16半解凍。裝飾上芒果乾和切丁塊的芒果。

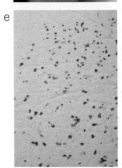

製作內餡

1 把直徑12cm的圓形圈模，排放在OPP膜緊密貼覆的托盤上面，放進冷藏備用（→P.43準備模型用托盤）。

2 參考果泥慕斯（→P.44），並且把酸櫻桃果泥冷卻至18℃，製作酸櫻桃慕斯。

3 取出步驟1的圓形圈模，用湯勺分別把步驟2的慕斯（50g）撈進模型裡面。用握柄彎曲的湯匙背面壓實，消除縫隙，使表面平坦。把櫻桃酒浸漬的酸櫻桃，放在廚房紙巾上面瀝乾水分，再均勻配置在模型裡面，往下按壓。放進急速冷凍庫凝固。

4 參考果凍（→P.37），製作血橙果凍。濃縮血橙汁和血橙果泥混合在一起使用。

5 取出步驟3，用填餡器把步驟4（70g）填進模型裡面，以相同方式凝固，製作內餡（→P.37）。

6 凝固後，脫模，排放在舖有OPP膜的托盤上，放進冷凍庫備用〔a〕。

準備海綿蛋糕

7 參考果泥海綿蛋糕（→P.13），加入草莓果泥，製作草莓風味的海綿蛋糕〔b～c〕。可是，不使用色素。

8 把烘焙紙平舖在烤盤上面（→P.12杏仁海綿蛋糕，準備），撒入少許壓碎的冷凍乾燥草莓粒。製成帶狀的部分要多撒一些。為避免撒入的草莓粒挪動，把步驟7的麵糊倒進烤盤中央後再鋪平〔d〕，以相同的方式烘烤。改變烤盤的方向之後，要盡快從烤箱中取出。烘烤完成後，放涼備用〔e〕。

9 步驟8的海綿蛋糕切成3×48cm的帶狀，取5條使用。剩下的海綿蛋糕用直徑12cm的切模，取5片作為底部用，排放在托盤上。

10 把直徑14cm的圓形圈模排放在OPP膜緊密貼覆的托盤上面。參考巴望舞的步驟10～11（→P.232），把步驟9的帶狀海綿蛋糕裝進模型裡面。

製作草莓慕斯

11 參考果泥慕斯（→P.44），製作草莓慕斯〔f〕。可是，融化的果泥和明膠混合的材料，要把溫度調整至較低的18～19℃，再倒進義式蛋白霜和乳霜混合的材料裡面拌勻。

12 用湯勺把步驟11的慕斯擠撈進步驟10的模型，至海綿蛋糕的一半高度。再用湯匙的背面壓實，清除縫隙，使表面呈現平坦〔g～h〕。

i

j

k

l

13 把步驟6的內餡取出，果凍端朝上，疊放在步驟12的中央〔i〕。放好之後，按壓內餡，消除縫隙。
＊準備開始作業之前，再把內餡從冷凍庫裡面取出。

14 進一步用口徑1.3cm的圓形花嘴，把慕斯擠進步驟13的模型裡面，用湯匙的背面壓實，清除縫隙〔j～k〕。用抹刀把表面抹平〔l〕，把邊緣溢出的慕斯清除乾淨。蓋上蓋子，放進急速冷凍庫凝固。

製作檸檬百里香佐皇家糖霜

15 檸檬百里香佐皇家糖霜要在2～3天之前製作起來備用。把檸檬百里香以外的材料放進鋼盆，用手持攪拌器打發。用手指把皇家糖霜沾在檸檬百里香整體，排放在樹脂製烤盤墊上面，在常溫下風乾2～3天。

最後加工

16 取出步驟14，把繪圖用的材料混合在一起，沾在直徑1cm左右的筆上面，在表面的多處往下按壓再放開。這樣就能繪製出唇形的圖樣。由於慕斯是結凍的狀態，所以瞬間就會凝固了。

17 把淋醬淋在步驟16上面，用抹刀抹勻，把周圍修整完成後，放進冷凍庫凝固。取出後，用瓦斯槍加熱脫模。放進冷凍庫保存。

18 把步驟17半解凍。用抹刀把鏡面果膠塗抹在草莓剖面。裝飾上水果和檸檬百里香佐皇家糖霜。

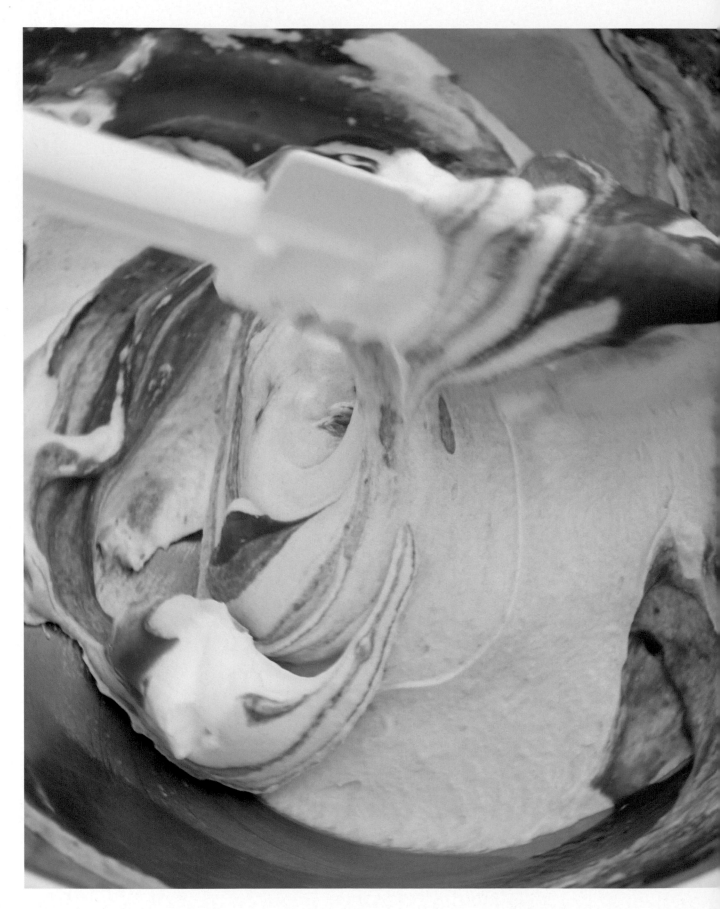

COLUMN 14 | 試著把果汁加進麵糊裡

　　我的甜點有時會使用加了香辛料、香草，或是果汁的海綿蛋糕。香草會混入橄欖油和檸檬汁，再放進研磨攪拌機裡面攪拌均勻。果泥則是使用草莓、藍莓、覆盆子、百香果等種類。

　　思考符合該甜點的海綿蛋糕的時候，自然都會選擇添加果泥或是香草。可是，並非馬上就能成功。

　　我第一個在海綿蛋糕裡面添加果泥的甜點是蕾芙法式蛋糕（→P.242）。因為猜想草莓慕斯搭配草莓風味的海綿蛋糕，或許可以變得更加美味，所以就試著在麵糊裡面添加了果泥和冷凍乾燥草莓粒。結果，依照基本方式烘烤後，才知道麵糊容易烤焦。

　　當我絞盡腦汁，添加果泥的時候，我會視水分添加麵粉，烘烤時間也會稍微調整。

　　即便剛開始並不順遂，但在多番嘗試之後，就能找出答案。不要還沒開始嘗試就先斷言不可能，努力挑戰，就可以從失敗當中學到許多。如此，自己的甜點世界就會更加遼闊。

無花果
Figue Figue

Almond sponge cake
with mix spices

— Fig mousse

— Fig and redcurrant jelly

— Pear mousse

份量 直徑14cm×高度4.5cm的圓形圈模5個
＊準備直徑12cm×高度2cm的圓形圈模5個、
直徑12cm的切模。

香料蛋糕風味的海綿蛋糕
- 杏仁海綿蛋糕（→P.12）
  —— 60×40cm烤盤1個
- 香料蛋糕（混合香料）—— 4g

酒糖液　將以下材料混合
- 波美30°糖漿 —— 40g
- 櫻桃酒 —— 30g
- 水 —— 25g

洋梨慕斯（內餡）
- 洋梨果泥（冷凍狀態下切成1cm丁塊）—— 215g
- 微粒精白砂糖 —— 5g
- 檸檬汁 —— 10g
- 片狀明膠 —— 6g
- 洋梨白蘭地酒 —— 30g
- ・義式蛋白霜　以下取50g使用
  - 蛋白 —— 60g
  - 精白砂糖 —— 105g
  - 水 —— 25g
- 乳霜（→P.43）—— 75g

無花果和紅醋栗的果凍（內餡）
- 片狀明膠 —— 7g
- 櫻桃酒 —— 20g
- 紅酒煮無花果乾（→P.39）—— 75g
- 紅醋栗果泥
  （冷凍狀態下切成1cm丁塊）—— 100g
- 無花果果泥
  （冷凍狀態下切成1cm丁塊）—— 125g
- 檸檬汁 —— 15g
- 微粒精白砂糖 —— 45g

無花果慕斯
- 紅酒煮無花果乾 —— 195g
- 無花果果泥
  （冷凍狀態下切成1cm丁塊）—— 465g
- 檸檬汁 —— 75g
- 片狀明膠 —— 18g
- 櫻桃酒 —— 40g
- ・義式蛋白霜
  - 蛋白 —— 60g
  - 精白砂糖 —— 105g
  - 水 —— 25g
- 乳霜 —— 230g

無花果乾（裝飾用）
- 冷凍黑無花果（整顆）—— 5個
- 糖粉 —— 適量

淋醬　將以下材料混合
- 鏡面果膠 —— 135g
- 紅醋栗果泥（切成1cm丁塊後，解凍）
  —— 過濾15g

裝飾
- 紅醋栗果醬（→P.37果醬）
  —— 100g
- 無花果乾（→上述）
  —— 4塊／1個
- 草莓（切半）—— 7塊／1個

fig and fig

Makes five round whole cakes
＊five 14-cm diameter×4.5-cm height round cake rings,
five 12-cm diameter×2-cm height round cake rings,
12-cm diameter round pastry cutter

Almond sponge cake with mix spices
- 1 sheet almond sponge cake for 60×40-cm
  baking sheet pan, see page 12
- 4g mix spices for "pain d'épice"

For the syrup
- 40g baume-30° syrup
- 30g kirsch
- 25g water

Pear mousse
- 215g frozen pear purée, cut into 1-cm cubes
- 5g caster sugar
- 10g fresh lemon juice
- 6g gelatin sheets, soaked in ice-water
- 30g pear eau-de-vie (pear brandy)
- ・Italian meringue (use 50g)
  - 60g egg whites
  - 105g granulated sugar
  - 25g water
- 75g whipped heavy cream, see page 44

Fig and redcurrant jelly
- 7g gelatin sheets, soaked in ice-water
- 20g kirsch
- 75g red wine poached dried figs, see page 39
- 100g frozen redcurrant purée, cut into1-cm cubes
- 125g frozen fig purée, cut into 1-cm cubes
- 15g fresh lemon juice
- 45g caster sugar

Fig mousse
- 195g red wine poached dried figs
- 465g frozen fig purée, cut into 1-cm cubes
- 75g fresh lemon juice
- 18g gelatin sheets, soaked in ice-water
- 40g kirsch
- ・Italian meringue
  - 60g egg whites
  - 105g granulated sugar
  - 25g water
- 230g whipped heavy cream

Semi-dried fig for décor
- 5 frozen figs (whole)
- confectioners' sugar

For the glaze
- 135g neutral glaze
- 15g frozen redcurrant purée,
  cut into1-cm cubes, defrost and strain

For décor
- 100g redcurrant jelly, see page 37
- 4 pieces semi-dreid fig for 1 cake, see above
- 7 strawberries halves for 1 cake

口味速配的洋梨慕斯和充滿香料的海綿蛋糕，
把圍繞著辛辣香氣的紅酒煮無花果乾包裹在其中。

a

b

c

d

e

f

g

h

製作內餡

1 把直徑12cm的圓形圈模，排放在OPP膜緊密貼覆的托盤上面，放進冷藏備用（→P.43準備模型用托盤）。

2 參考果泥慕斯（→P.44），製作洋梨慕斯。可是，砂糖要加進融化的洋梨果泥裡面拌勻使用。

3 取出步驟1的圓形圈模，用湯勺分別把步驟2的慕斯（75g）撈進模型裡面。用握柄彎曲的湯匙背面壓實，消除縫隙，放進急速冷凍庫凝固。

4 參考果凍（→P.37），製作無花果和紅醋栗的果凍。用食物調理機把紅酒煮無花果乾攪拌成糊狀，把融化的2種果泥和檸檬汁、砂糖混合在一起使用。

5 取出步驟3，用口徑7mm的圓形花嘴把步驟4（75g）擠至表面，同樣用握柄彎曲的湯匙壓實，抹平後凝固，製作內餡（→P.37）。

6 凝固後，脫模，排放在舖有OPP膜的托盤上，放進冷凍庫備用〔a〕。

準備海綿蛋糕

7 參考杏仁海綿蛋糕（→P.12），把香料蛋糕的香辛料和粉末類材料放在一起過篩，烘烤香料蛋糕風味的海綿蛋糕。可是，使用206℃的烘烤溫度，烘烤4分鐘之後，要把烤盤的方向對調，然後再進一步烘烤3分鐘半，烘烤至烤色不太明顯的程度。烘烤完成後，放涼備用。

8 步驟7的海綿蛋糕切成3×48cm的帶狀，取5條使用。剩下的海綿蛋糕用直徑12cm的切模，取5片作為底部用，排放在托盤上。

9 把直徑14cm的圓形圈模排放在OPP膜緊密貼覆的托盤上面。參考巴望舞的步驟10～11（→P.232），把步驟8的帶狀海綿蛋糕和底部用的海綿蛋糕裝進模型裡面。

製作無花果慕斯

10 用食物調理機把紅酒煮無花果乾攪拌成糊狀，放進鋼盆〔b～c〕。

11 把無花果果泥解凍，加入檸檬汁拌勻，倒進步驟10裡面充分拌勻〔d～e〕。≡1

12 參考果泥慕斯的步驟2～10（→P.44），把步驟11換成解凍的果泥，製作無花果慕斯〔f～h〕。

≡1　因為無花果泥不會變硬，所以要混合紅酒煮無花果乾來做成慕斯。

i

j

k

l

m

n

13 用口徑1.7cm的圓形花嘴，把步驟12的慕斯擠進步驟9的模型裡面，至側面的海綿蛋糕的一半高度〔i〕。用湯匙的背面壓實，清除縫隙，把表面抹平。

14 把步驟6的內餡取出，把果凍面朝上，放在步驟13的中央。放置完成後，把內餡往下壓，避免產生縫隙〔j〕。
＊準備開始作業之前，再把內餡從冷凍庫裡面取出。

15 繼續擠入慕斯，同樣用湯匙的背面壓實，消除縫隙〔k〕。用抹刀把表面抹平〔l〕，把邊緣溢出的慕斯清除乾淨。蓋上蓋子，放進急速冷凍庫凝固。

製作無花果乾

16 製作裝飾用的無花果乾。冷凍黑無花果縱切成4等分，把一塊塊丟進裝有砂糖的鋼盆裡面，撒上糖粉，然後逐一取出。糖粉融化之後，再次撒滿糖粉，共計撒滿2次。把撒滿糖粉的無花果排放在樹脂製烤盤墊上面，用打開擋板的100℃烤箱，烘乾20分鐘左右。放涼備用。

最後加工

17 有花紋圖樣的市售塑膠板，以花紋圖樣為中心，剪裁成比使用模型更大的尺寸，用切割刀挖掉花紋部分，製作出花紋圖樣的模型〔m〕。

18 取出步驟15，把花紋圖樣的塑膠板平貼在上面，用口徑4mm的圓形花嘴，把紅醋栗果醬擠在挖洞的部分，用抹刀抹平（→P.233巴望舞的n～o）。脫模，放進冷凍庫，確實凝固。

19 取出步驟18，淋上淋醬〔n〕，用抹刀抹平，把周圍修整乾淨，放進冷凍庫。凝固後取出，用瓦斯槍加熱，脫模。

20 取出步驟19半解凍。裝飾上步驟16和剖面塗抹上鏡面果膠（份量外）的草莓。

a

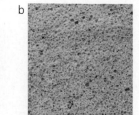
b

c
d

e
f

g
h

i
j

製作內餡

1 把直徑12cm的心形圈模，排放在OPP膜緊密貼覆的托盤上面，放進冷藏備用（→P.43準備模型用托盤）。

2 參考果泥慕斯（→P.44），製作洋梨慕斯。可是，砂糖要加進融化的洋梨果泥裡面使用。

3 取出步驟1的圈模，用口徑1.3cm的圓形圈模，分別把步驟2的慕斯（60g）擠進模型裡面。連同托盤一起向下輕敲，使表面平坦，放進急速冷凍庫凝固。

4 參考果凍（→P.37），製作紫羅蘭果凍。把櫻桃酒的全量和明膠混合。分別使洋梨和藍莓的果泥融化，混合在一起後，加入檸檬汁、紫羅蘭花的蒸餾水、砂糖混合使用。

5 取出步驟3，用填餡器把步驟4（60g）擠入，以相同的方式凝固，製作內餡（→P.37）。

6 凝固後，脫模，排放在舖有OPP膜的托盤上，放進冷凍庫備用〔a〕。

準備海綿蛋糕

7 參考果泥海綿蛋糕（→P.13），烘烤藍莓風味的海綿蛋糕〔b〕。出爐後，放涼備用。

8 步驟7的海綿蛋糕切成2.5×53cm的帶狀，取3條使用。剩下的海綿蛋糕把15cm的心形切模放在上方，在避免與側面的海綿蛋糕之間產生縫隙的情況下，用佩蒂小刀裁切出略小的尺寸，取3片作為底部用。排放在托盤上。

9 把15cm的心形圈模排放在OPP膜緊密貼覆的托盤上面。參考巴望舞的步驟10～11（→P.232）入模（因為是容易破裂的海綿蛋糕，所以要用刷子抹上酒糖液）〔c～d〕。帶狀的海綿蛋糕要平貼著心形的凹陷處。用刷子把酒糖液塗抹在海綿蛋糕整體〔e〕。

製作藍莓慕斯

10 參考果泥慕斯（→P.44），製作藍莓慕斯〔f～h〕。

11 用口徑1.3cm的圓形花嘴，把步驟10的慕斯擠進步驟9的模型裡面，至側面的海綿蛋糕的一半高度〔i〕。用湯匙的背面壓實，清除縫隙。

12 把步驟6的內餡取出，把果凍面朝上，放在步驟11的中央。放置完成後，把內餡往下壓，避免產生縫隙〔j〕。

＊準備開始作業之前，再把內餡從冷凍庫裡面取出。

k

l

13 繼續擠入慕斯，用湯匙的背面壓實，消除縫隙〔k〕。用抹刀把表面抹平〔l〕，把邊緣溢出的慕斯清除乾淨。蓋上蓋子，放進急速冷凍庫凝固。

最後加工

14 糖漬洋梨預先在5天之前製作完成，放進冷藏備用（→P.39），最後加工當天，把切半的洋梨縱切成4等分（整顆縱切1/8塊），然後再分別切成3等分。每個蛋糕使用縱切成1/8塊的洋梨。

15 取出步驟13，淋上淋醬，用抹刀抹平，把周圍修整乾淨，放進冷凍庫凝固。凝固後，用瓦斯槍加熱，脫模，用冷凍庫保存。

16 步驟15半解凍。裝飾上步驟14的糖漬洋梨和水果。

米卡里布索
Mikalypso

Dried fruits
— Chocolate mousse
— Passion fruit-caramel sauce jelly
— Cheese mousse
— Passion fruit-chocolate sponge cake

份量　長邊16cm×短邊12.5cm、
高度4.5cm的鵝蛋形圈模5個
＊準備長邊14cm×短邊10.5cm、
高度2cm的鵝蛋形圈模5個。

百香果風味的巧克力海綿蛋糕
┌ 巧克力海綿蛋糕B（→P.14）
│　　—— 60×40cm烤盤1個
│ 百香果果泥（切成1cm丁塊後，解凍）
│　　—— 35g
└ 杏桃乾 —— 15g

酒糖液　製作前混合
┌ 百香果果泥（切成1cm丁塊後，解凍）
│　　—— 100g
│ 波美30°糖漿 —— 20g
│ 百香果甜露酒 —— 60g
└ 水 —— 20g

乳酪慕斯（內餡）
┌ 馬斯卡彭起司 —— 40g
│ 白乳酪 —— 120g
│ ·炸彈麵糊
│ ┌ 蛋黃 —— 30g
│ │ 精白砂糖 —— 45g
│ └ 水 —— 10g
│ 片狀明膠 —— 13g
│ 櫻桃酒 —— 10g
│ 檸檬汁（常溫） —— 15g
└ 乳霜（→P.43） —— 175g

百香焦糖醬的果凍（內餡）
┌ 水飴 —— 35g
│ 精白砂糖 —— 130g
│ 鮮奶油（乳脂肪38%） —— 125g
│ 百香果果泥（切成1cm丁塊後，解凍）
│　　—— 125g
└ 片狀明膠 —— 5g

配料
┌ 杏桃乾（5mm丁塊） —— 7.5g／1個
└ 芒果（5mm丁塊） —— 7.5g／1個

巧克力慕斯
┌ ·炸彈麵糊
│ ┌ 鮮奶油（乳脂肪38%） —— 70g
│ │ 精白砂糖 —— 60g
│ └ 蛋黃 —— 165g
│ 黑巧克力（可可68%） —— 260g
└ 乳霜 —— 550g

香緹鮮奶油
┌ 鮮奶油（乳脂肪42%） —— 80g
└ 微粒精白砂糖 —— 5g

淋醬　將以下材料混合
┌ 鏡面果膠 —— 130g
│ 百香果果泥
└ （切成1cm丁塊後，解凍） —— 15g

裝飾
┌ 杏桃乾（5mm丁塊） —— 適量
│ 芒果（5mm丁塊） —— 適量
│ 小紅莓乾 —— 5粒／1個
└ 開心果 —— 適量

Mikalypso

Makes five oval whole cakes
*five 16-cm×12.5-cm×4.5-cm height and five
14-cm×10.5-cm×2-cm height oval cake rings

Passion fruit-chocolate sponge cake
┌ 1 sheet chocolate sponge cake B for 60×40-cm
│ baking sheet pan, see page 14
│ 35g frozen passion fruit purée,
│ cut into 1-cm cubes, and defrost
└ 15g dried apricots

For the syrup
┌ 100g frozen passion fruit purée,
│ cut into 1-cm cubes, and defrost
│ 20g baume-30° syrup
│ 60g passion fruit liqueur
└ 20g water

Cheese mousse
┌ 40g mascarpone
│ 120g fresh cheese (fromage blanc)
│ ·Iced bombe mixture
│ ┌ 30g egg yolks
│ │ 45g granulated sugar
│ └ 10g water
│ 13g gelatin sheets, soaked in ice-water
│ 10g kirsch
│ 15g fresh lemon juice, at room temperature
└ 175g whipped heavy cream, see page 44

Caramel and passion fruit sauce jelly
┌ 35g starch syrup
│ 130g granulated sugar
│ 125g fresh heavy cream, 38% butterfat
│ 125g frozen passion fruit purée,
│ cut into 1-cm cubes, and defrost
└ 5g gelatin sheets, soaked in ice-water

For garnish
┌ 7.5g dried apricots,
│ cut into 5-mm cubes for 1 cake
└ 7.5g mango, cut into 5-mm cubes for 1 cake

Chocolate mousse
┌ ·Iced bombe mixture
│ ┌ 70g fresh heavy cream, 38% butterfat
│ │ 60g granulated sugar
│ └ 165g egg yolks
│ 260g dark chocolate, 68% cacao
└ 550g whipped heavy cream

Chantilly cream
┌ 80g fresh heavy cream, 42% butterfat
└ 5g caster sugar

For the glaze
┌ 130g neutral glaze
│ 15g frozen passion fruit purée,
└ cut into 1-cm cubes, and defrost

For décor
┌ dried apricots, cut into 5-mm cubes
│ mango, cut into 5-mm cubes
│ 5 dried cranberries for 1cake
└ pistachios

把乳酪慕斯、帶有酸味的焦糖醬封在巧克力慕斯裡面。
表現出加勒比海的乾果，演繹出全新風味。

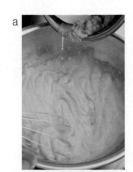
a

b

c

d

e

f

g

製作內餡

1 把直徑12cm的圓形圈模，排放在OPP膜緊密貼覆的托盤上面，冷藏備用（→P.43準備模型用托盤）。

2 參考果泥慕斯（→P.44），製作香蕉慕斯。可是，香蕉果泥要預先裹上檸檬汁，再進行解凍。

3 取出步驟1的圓形圈模，用湯勺把步驟2的慕斯（60g）撈進模型裡面。用握柄彎曲的湯匙背面壓實，清除縫隙，使表面平坦，放進急速冷凍庫凝固。

4 製作異國風味的果凍（→P.37果凍）。把芒果和百香果的果泥混合在一起，融化後，加入檸檬汁和砂糖拌勻使用，薑泥在與明膠混合的最後混入。

5 取出步驟3，用填餡器把步驟4（60g）填進模型裡面，以相同方式凝固，製作內餡（→P.37）。

6 凝固後，脫模，排放在鋪有OPP膜的托盤上，放進冷凍庫備用。

製作海綿蛋糕

7 利用B的配方，製作巧克力海綿蛋糕。將麵糊鋪平在鋪有樹脂製烤盤墊的烤盤上面（→P.14）。烤盤垂直部分的一半，撒上烘烤好的榛果碎粒（1/16切片），以相同方式進行烘烤。

8 步驟7的海綿蛋糕切成3×48cm的帶狀，取5條使用。沒有撒上榛果的部分用直徑12cm的切模壓切，取5片作為底部用，排放在托盤上。

9 把直徑14cm的圓形圈模排放在OPP膜緊密貼覆的托盤上面。參考巴望舞的步驟10～11（→P.232），把步驟8的帶狀海綿蛋糕和底部用的海綿蛋糕裝進模型裡面。可是，帶狀的海綿蛋糕，要讓撒有榛果的那一面朝向外側。

製作牛奶巧克力慕斯

10 參考巧克力慕斯（→P.46），製作牛奶巧克力慕斯。可是，製作炸彈麵糊的時候，要在隔水加熱，產生黏稠感的時候（巧克力慕斯的步驟3），加入薑泥拌勻，然後在進一步變得更加濃稠後，放進攪拌機攪拌〔a～c〕。

11 取出步驟9的模型，用口徑1.3cm的圓形花嘴，把步驟10的慕斯擠入至側面的海綿蛋糕的一半高度〔d〕。用湯匙的背面壓實，消除縫隙。

12 把步驟6的內餡取出，把果凍面朝上，放在步驟11的中央，從上往下壓，消除縫隙〔e～f〕。

＊準備開始作業之前，再把內餡從冷凍庫裡面取出。

13 繼續擠入慕斯，同樣用湯匙的背面壓實，消除縫隙〔g～
h〕。用抹刀把表面抹平〔i〕，把邊緣溢出的慕斯清除
乾淨。蓋上蓋子，放進急速冷凍庫凝固。

最後加工

14 製作繪圖用的鏡面果膠和巧克力。鏡面果膠和融化的果
泥混合，2種巧克力分別融化，分別和指定份量的花生
油混合，調溫成28～30℃，各別放進容器備用〔j〕。
取出步驟13，分別用筆在表面畫出3種顏色的圖樣
〔k〕。放進冷凍庫，使表面凝固。

15 淋上淋醬，用抹刀抹平，把周圍清除乾淨，放進冷凍
庫。凝固後取出，用瓦斯槍加熱，脫模，用冷凍庫保
存。

16 步驟15半解凍。裝飾上砂糖漬薑片和黑巧克力。

葡萄園
Vigne

份量　24×4.5cm、高度5cm的蛋糕模型4個

磅蛋糕
- 奶油（恢復至常溫）—— 185g
- 糖粉 —— 280g
- 全蛋 —— 320g
- 杏仁粉 —— 185g
- 低筋麵粉 —— 130g
- 泡打粉 —— 3g

酒釀葡萄乾（麵糊用）
＊以下的葡萄乾份量標記是浸漬之後的重量。
- 葡萄乾 —— 120g
- 麝香貓葡萄乾 —— 120g
- 黃金蘇丹娜葡萄乾 —— 120g
- 馬克阿爾薩斯瓊瑤漿（蒸餾酒）
  —— 葡萄乾重量的2成

杏仁碎粒（1/12切片）—— 適量

酒糖液
馬克阿爾薩斯瓊瑤漿 —— 80g

裝飾
- 杏桃果醬 —— 200g
- 酒釀葡萄乾（與上述相同的浸漬物）—— 40g／1個

Vigne (vine)

Makes four 24-cm×4.5-cm, 5-cm height pound cakes

Pound cake dough
- 185g unsalted butter, at room temperature
- 280g confectioners' sugar
- 320g whole eggs
- 185g almond flour
- 130g all-purpose flour
- 3g baking powder

Raisin in pomace brandy for dough
- 120g raisin
- 120g muscat raisin
- 120g golden sultana raisin
- Marc d'Alsace Gewurtztraminer (pomace brandy),
- 20% for the total weight of raisin

diced almonds, 4-6mm size

For the syrup
80g Marc d'Alsace Gewurtztraminer (pomace brandy)

For décor
- 200g apricot jam
- 40g raisin in pomace brandy for 1 cake, see above

1 連同裝飾用的葡萄乾一起，分別把3種葡萄乾和重量1成的馬克阿爾薩斯瓊瑤漿一起放進瓶子裡浸漬，隔天再加入1成的馬克阿爾薩斯瓊瑤漿，共計在室溫下放置一星期〔a〕。▤1

2 把髮蠟狀的奶油（份量外）塗抹在蛋糕模型上面，把裁切好的烘焙紙黏貼在橫長面，進一步抹上奶油，抹上杏仁碎粒（1/12切片）。冷藏備用。

3 製作磅蛋糕（→P.24），把麵糊倒進鋼盆。取出步驟1的麵糊用葡萄乾，加入拌勻〔b〕。

4 用沒有裝花嘴的擠花袋，把步驟3（360g）分別擠入步驟2的模型裡面〔c〕，往下輕敲，使材料均勻。撒上杏仁碎粒（1/12切片），排放在烤盤上〔d〕。

＊麵糊較軟的時候，就先放進冷藏，待麵糊變得緊實後再擠出。

5 用170℃的烤箱烘烤32分鐘。剛開始在經過8分鐘後，在中央切出切口，把模型的位置對調，再放回烤箱，經過7分鐘後，在相同的位置再次切出切口，把模型的位置對調後，進行烘烤。經過10分鐘之後，把模型的位置對調，覆蓋上樹脂製烤盤墊，放回烤箱。進一步烘烤5分鐘後，把烤盤的方向對調，再烘烤2分鐘，確認烤色，避免烤色不均。出爐後，脫模，放涼備用〔e〕。

6 步驟5底部以外的蛋糕部分，用刷子分別塗抹上20g的馬克阿爾薩斯瓊瑤漿〔f〕，放置20～30分鐘，等待馬克阿爾薩斯瓊瑤漿乾燥。

7 把裝飾用的酒釀葡萄乾攤放在廚房紙巾上面，瀝乾汁液。

8 杏桃果醬煮沸後，關火，把步驟6顛倒過來，讓上方沾上2次果醬（→P.294含羞草的步驟9）。

9 把步驟7的葡萄乾覆蓋在上方，用手按壓，避免葡萄乾掉落。

▤1 3種葡萄乾是基於味道、口感和色調所組合搭配而成。

諾瓦塞丁
Noisettine

份量　長邊7cm×短邊4.5cm、
深度1.5cm的鵝蛋形模型48個

榛果費南雪
- 糖粉 —— 335g
- 杏仁粉 —— 165g
- 榛果粉 —— 165g
- ＊製作之前，把帶皮的整顆榛果磨成略粗的粉末。
- 玉米粉 —— 55g
- 蛋白（恢復至常溫）—— 325g
- 蜂蜜 —— 65g
- ・焦化奶油
  - 奶油 —— 225g

榛果達克瓦茲
- 榛果粉（→左記）—— 30g
- 杏仁粉 —— 60g
- 低筋麵粉 —— 10g
- 糖粉 —— 50g
- ・蛋白霜
  - 蛋白 —— 145g
  - 微粒精白砂糖 —— 65g
- 榛果粒（1/4塊）—— 3塊／1個
- 榛果碎粒（1/16切片）—— 適量
- 糖粉 —— 適量

Noisettine

Makes forty-eigth oval cakes
*7-cm×4.5-cm×1.5-cm depth oval
dariol mold

Hazelnut financier dough
- 335g confectioners' sugar
- 165g almond flour
- 165g fresh coarsely ground shelled hazelnuts
- *grind hazelnuts in food grinder just before using
- 55g corn starch
- 325g egg whites, at room temperature
- 65g honey
- · For brown butter (heat until brown)
  - 225g unsalted butter

Hazelnut dacquoise
- 30g fresh ground hazelnuts, see above
- 60g almond flour
- 10g all-purpose flour
- 50g confectioners' sugar
- · Meringue
  - 145g egg whites
  - 65g caster sugar
- 3 pieces hazelnuts quartered for 1 cake
- diced hazelnuts , 3-4mm size
- confectioners' sugar for dusting

1　模型預先抹上厚厚的髮蠟狀的奶油（份量外）備用。參考蜂蜜費南雪的步驟2～7（→P.274），在蜂蜜費南雪的步驟2加入榛果粉，製作榛果費南雪麵糊。擠進模型裡面，放進急速冷凍庫，使麵糊完全凝固。

2　製作榛果達克瓦茲（→P.22），用口徑1.3cm的圓形花嘴擠進模型裡面〔a〕，用抹刀抹平。往四個角落抹平，避免產生空洞〔b〕。

3　在步驟2的中心部分，分別放上3塊切成4等分的榛果粒，在避免榛果移動的情況下，用抹刀往下壓〔c〕。在表面撒滿榛果碎粒（1/16切片）〔d〕，把沾在模型上的多餘榛果撥掉。放進冷凍庫10～15分鐘，凝固。

4　把糖粉輕撒在步驟3上面2次〔e〕然後排放在烤盤上面。

5　步驟4用160℃的烤箱烘烤18分鐘，每隔8分鐘、5分鐘取出，把模型的位置對調，再放回烤箱裡，最後再烘烤5分鐘，一邊確認烤色，避免烤色不均。

上面是撒滿榛果的酥脆達克瓦茲。
下面則是濕潤口感的費南雪。透過2種不同的麵糊展現出榛果的魅力。

春天
Printanier

份量　長邊21.5cm×短邊5.5cm、
高度3.5cm的鵝蛋形圈模3個

草莓費南雪
- 糖粉 —— 110g
- 杏仁粉 —— 110g
- 玉米粉 —— 18g
- 蛋白（恢復至常溫）—— 105g
- 蜂蜜 —— 20g
- ・焦化奶油
- 奶油 —— 70g
- 冷凍乾燥草莓粒 —— 25g
- 法式水果軟糖（紅醋栗→P.40）
  —— 1/2切成15塊

椰子草莓達克瓦茲
- 椰子細粉 —— 45g
- 杏仁粉 —— 50g
- 糖粉 —— 70g
- 冷凍乾燥草莓粉 —— 10g
- ・蛋白霜
- 蛋白 —— 105g
- 微粒精白砂糖 —— 65g
- 椰子絲條 —— 適量
- 糖粉 —— 適量

裝飾
- Raftisnow —— 適量
- 紅醋栗果醬（→P.37果醬）—— 適量
- 法式水果軟糖（紅醋栗）
  —— 1/4切成6塊
- 小紅莓乾、冷凍乾燥草莓粒
  —— 各適量

Printanier（Springlike）

Makes three oblong oval cakes
*21.5-cm×5.5-cm, 3.5-cm height oblong oval cakes ring

Strawberry financier dough
- 110g confectioners' sugar
- 110g almond flour
- 18g corn starch
- 105g egg whites, at room temperature
- 20g honey
- ・For brown butter (heat until brown)
- 70g unsalted butter
- 25g broken freeze-dried strawberries
- 15 pieces redcurrant jelly candies halves, see page 40

Strawberry and coconut dacquoise
- 45g coconut fine shred
- 50g almond flour
- 70g confectioners' sugar
- 10g freeze-dried strawberry powder
- ・Meringue
- 105g egg whites
- 65g caster sugar
- long shreded coconut
- confectioners' sugar for dusting

For décor
- raftisnow
- redcurrant jam, see page 37
- 6 pieces redcurrant jelly candies quartered
- dried cranberries, broken freeze-dried strawberries

有著香甜顆粒的草莓費南雪和酥脆的椰子蛋白霜相互交疊。
裡面的法式水果軟糖所帶來的新鮮感，給人春天般的預兆。

a

b

c

d

e

f

g

h

i

1 模型抹上略厚的髮蠟狀的奶油（份量外），冷藏備用。

2 製作草莓費南雪。利用與蜂蜜費南雪的步驟2～7（→P.274）相同的方式製作麵糊。

3 把冷凍乾燥的草莓顆粒磨成細碎，倒進步驟2裡面拌勻〔a〕，用口徑1.7cm的圓形花嘴，擠在排放在樹脂製烤盤墊上面的步驟1的模型，大約擠入145g，抹平〔b〕。放進急速冷凍庫，直到表面凝固。

＊草莓在擠入之前混入。

4 把切成對半的紅醋栗法式水果軟糖切成5塊，排放在凝固的步驟3上面〔c〕，冷藏備用。

5 參考榛果達克瓦茲的步驟2～7（→P.23），製作椰子草莓達克瓦茲。蛋白霜打發至凝固，粉末類材料裡面加入椰子細粉和冷凍乾燥草莓粉〔d〕，製作麵糊〔e〕。

6 取出步驟4，用口徑1.3cm的圓形花嘴，把步驟5的麵糊擠在法式水果軟糖的周圍，擠入90g，填滿整個空間後〔f〕，連同烤盤一起往下輕敲，使整體平坦。用聖多諾黑花嘴，如照片所示，擠出剩餘的麵糊〔g〕。撒上椰子絲條，放進冷凍庫15分鐘。

7 撒上2次糖粉後〔h〕，用156℃的烤箱烘烤32分鐘。首先，每隔10分鐘、5分鐘取出，把烤盤的方向對調，第2次取出時，覆蓋上樹脂製烤盤墊，再放回烤箱裡。進一步每隔10分鐘、5分鐘後，同樣把烤盤的方向對調，然後放回烤箱，最後再烘烤2分鐘，一邊確認烤色一邊調整烘烤時間和位置，避免烤色不均。

8 脫模〔i〕，排放在烤盤墊上，放涼。

9 把Raftisnow撒在步驟8上面，用口徑4mm的圓形花嘴，以描繪曲線的方式，把紅醋栗的果醬由後往前擠出。裝飾上切成4等分的紅醋栗法式水果軟糖、小紅莓乾、冷凍乾燥草莓，即大功告成。

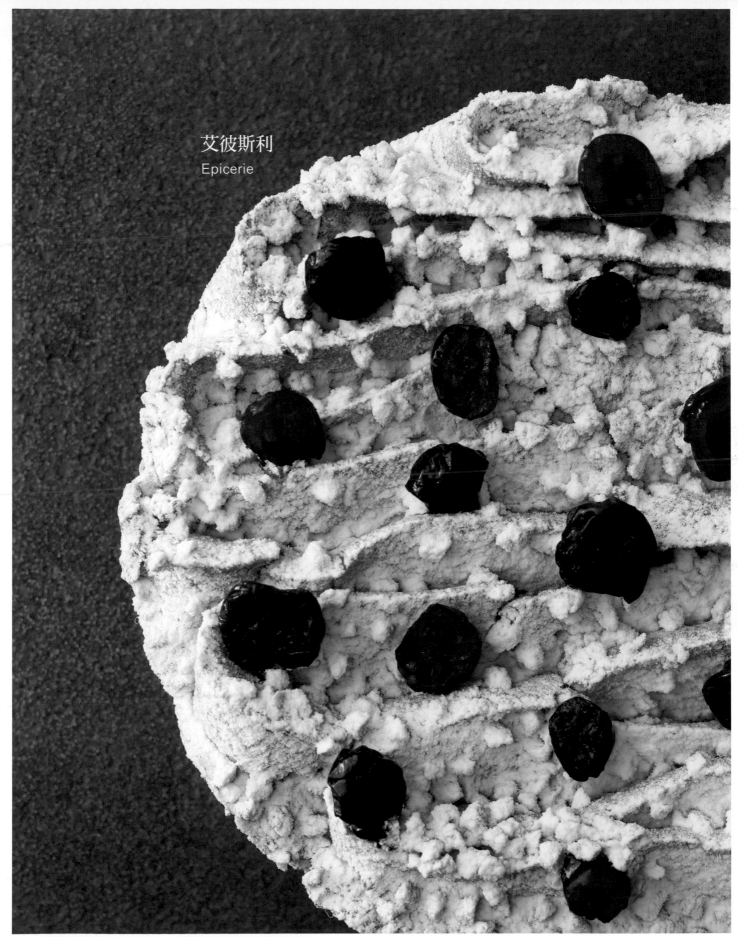

艾彼斯利
Epicerie

利用夾在中間的果醬，把辛辣且濕潤的費南雪和帶有酸味的
黑醋栗達克瓦茲連接在一起。醇厚的異國風味。

a

b

c

d

e

f

g

h

i

j

1 製作裝飾用的乾燥糖漬柚皮。用食物調理機把糖漬柚皮絞成碎末後，平舖在樹脂製烤盤墊上面，用100℃的烤箱，打開擋板，烘乾50～60分鐘。每隔10分鐘，用橡膠刮刀勤奮的翻拌烘烤。出爐後，取40g備用〔a〕。放涼備用。

2 磅蛋糕模型預先抹上髮蠟狀的奶油（份量外），把剪裁好的烘焙紙貼在橫長面，再次塗抹上奶油，塗滿杏仁碎粒（1/12切片），冷藏備用。

3 製作磅蛋糕，把麵糊倒進鋼盆（→P.24）。

4 把糖漬柚皮的碎末解凍，放進鋼盆，倒入一部分的步驟3，用橡膠刮刀充分拌勻後，倒回步驟3的鋼盆拌勻〔b～c〕。

5 用口徑1.7cm的圓形花嘴，把步驟4擠進步驟2的模型裡面，分別擠入160g，往下輕敲，使表面平坦〔d〕。抹上杏仁碎粒（1/12切片）。

6 把步驟5排放在烤盤上，烘烤31分鐘左右。放進168℃的烤箱烘烤，經過8分鐘之後，在中央切出切口，把模型的位置對調，放回烤箱〔e〕，經過3分鐘後，在相同的位置切出切口，放進溫度調降至166℃的烤箱裡面。每隔10分鐘、5分鐘，把模型的位置對調，第2次取出的時候，蓋上樹脂製烤盤墊，放回烤箱。進一步烘烤5分鐘後，確認烤色，一邊調整烘烤時間和位置，避免烤色不均〔f〕。

7 把抹刀插進模型的短邊和蛋糕之間，脫模〔g〕。吹風，使蛋糕完全冷卻。

8 把整體浸泡在葡萄柚甜露酒裡面，然後分別抹上30g的酒糖液〔h〕。

9 把杏桃果醬放進鍋子裡，煮沸後，關火。把步驟8顛倒過來，僅讓上面浸泡杏桃果醬後，馬上拿起來，然後再重複浸泡1次〔i〕。

10 把步驟1的乾燥糖漬柚皮和烘烤過的杏仁碎粒（1/16切片）、開心果碎粒（1/16切片）充分拌勻，攤平在調理盤內，把步驟9顛倒過來，往下按壓，再用橡膠刮刀壓住，讓配料沾黏在上方，大功告成〔j〕。

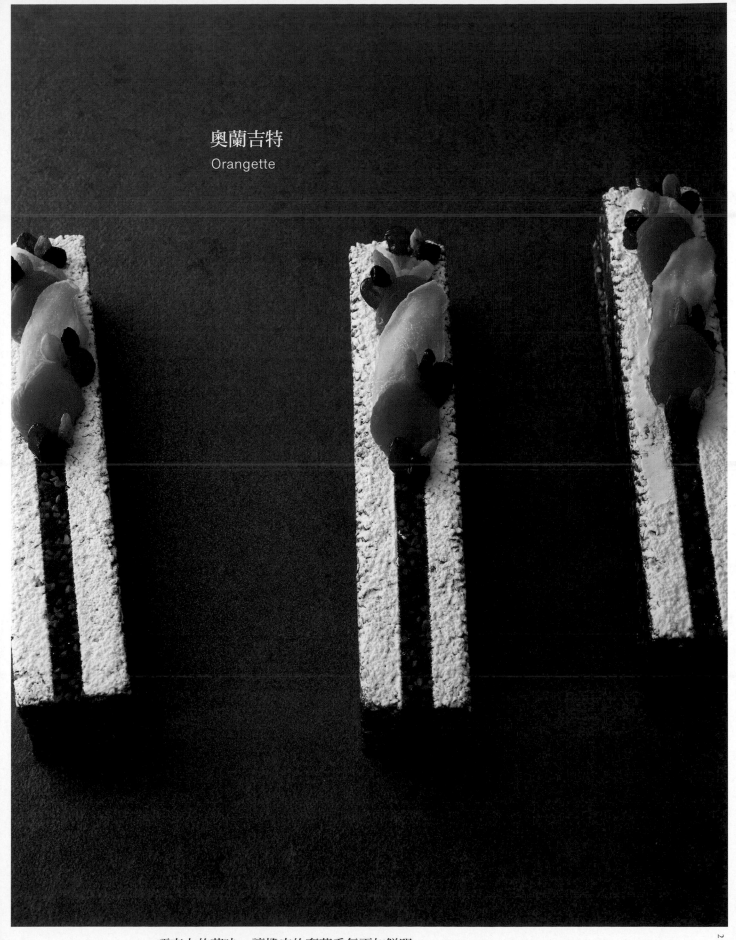

奧蘭吉特
Orangette

巧克力的苦味，讓橙皮的奢華香氣更加鮮明。
剛出爐的柑橘「餘韻」，只要放上幾天，就能享受擴散至整體的柑橘香氣。

奧蘭吉特
Orangette

份量　24×4.5cm、高度5cm的磅蛋糕模型3個

柑橘磅蛋糕
- 奶油（恢復至常溫）—— 105g
- 糖粉 —— 160g
- 全蛋 —— 180g
- 杏仁粉 —— 105g
- 低筋麵粉 —— 75g
- 泡打粉 —— 1.5g
- 糖漬橙皮碎末（→P.34）—— 60g

杏仁碎粒（1/12切片）—— 適量

巧克力達克瓦茲
- 杏仁粉 —— 170g
- 可可粉 —— 20g
- ・蛋白霜
  - 蛋白 —— 170g
  - 微粒精白砂糖 —— 170g

酒糖液
柑橘香甜酒 —— 40g／1個

裝飾
- Raftisnow —— 適量
- 杏桃果醬 —— 100g
- 鳳梨乾、杏桃乾 —— 各適量
- 芒果乾、小紅莓乾 —— 各適量
- 麝香貓葡萄乾、藍莓乾 —— 各適量

Orangette

Makes three 24-cm×4.5-cm, 5-cm height pound cakes

Orange pound cake dough
- 105g unsalted butter, at room temperature
- 160g confectioners' sugar
- 180g whole eggs
- 105g almond flour
- 75g all-purpose flour
- 1.5g baking powder
- 60g candied orange peel, finely chopped, see page 34

diced almonds, 4-6mm size

Chocolate dacquoise
- 170g almond flour
- 20g cocoa powder
- ・Meringue
  - 170g egg whites
  - 170g caster sugar

For the syrup
40g Mandarine Napoléon (orange liqueur) for 1 cake

For décor
- raftisnow
- 100g apricot jam
- dried pineapple, dried apricot
- dried mango, dried cranberry
- muscat raisin, dried blueberry

a

b

c

d

e

f

g

h

i

j

1 磅蛋糕模型預先抹上髮蠟狀的奶油（份量外），把剪裁好的烘焙紙貼在橫長面，再次塗抹上奶油，塗滿杏仁碎粒（1/12切片），冷藏備用。

2 製作磅蛋糕，把麵糊倒進鋼盆（→P.24）。參考含羞草的步驟4（→P.294），加入解凍的糖漬橙皮碎末，製作柑橘磅蛋糕。在這種狀態下冷藏一個晚上，使用時，在常溫下放軟至可以擠花的硬度。≡1

3 隔天，參考榛果達克瓦茲的步驟2～7（→P.23），製作巧克力達克瓦茲。用蛋白和砂糖打發出勾角緩慢彎曲程度的柔軟蛋白霜〔a〕，在榛果達克瓦茲的步驟7，把杏仁粉和可可粉混合在一起撒入，製作出麵糊。

4 用沒有花嘴的擠花袋，把步驟3的麵糊擠進步驟1的模型裡面，約擠入160g。

5 連同模型一起往下輕敲，使材料均勻後，用抹刀從中心把麵糊推往模型邊緣。最後，把麵糊的表面抹平〔b〕。≡2

6 用口徑1.3cm的圓形花嘴，分別把恢復至常溫的步驟2擠進步驟5裡面，大約擠入205～215g，不需要太用力，輕輕擠入即可〔c〕。用塑膠板輕輕拍打，消除縫隙，把整體抹平，讓中央稍微凹陷〔d～e〕。

7 清除沾在模型邊緣的麵糊〔f〕，使麵糊容易浮起。放在烤盤上面，用165℃的烤箱烘烤57分左右。剛開始在烘烤5分鐘之後取出，把模型往下輕敲，把模型的位置對調後，再放回烤箱裡面。進一步烘烤5分鐘後，把模型的位置對調，再放回烤箱。經過10分鐘之後〔g〕，在下方再鋪上另一塊烤盤，模型的兩邊也分別放一個模型，把樹脂製烤盤墊和烤盤覆蓋在上方，往下壓〔h〕，進一步烘烤。之後，每隔10分鐘、10分鐘、6分鐘、6分鐘取出，把模型的位置和烤盤的方向對調後，再放回烤箱裡面。最後再烘烤5分鐘，調整烘烤時間和位置，避免烤色不均〔i〕。

8 脫模後翻面，排放在另一個樹脂製烤盤墊上面，放涼。

9 步驟8浸泡酒糖液，分別讓蛋糕吸收40g的酒糖液，排放在樹脂加工的烤盤上，等待表面乾燥，以免最後撒上的砂糖融化。

10 把寬度1cm的塑膠板平貼在步驟9的中央，撒上Raftisnow〔j〕。用刷子清除沾在側面的Raftisnow。

11 把杏桃果醬放進手鍋煮沸，使用鑷子，把杏桃果醬裹在乾果上面，放在步驟10上面裝飾。

≡1 外側是蛋白霜麵糊，如果中央使用的是剛下料完成的磅蛋糕，整體的麵糊就會過度膨脹，無法完美烘烤。

≡2 烘烤之後，麵糊會往中央隆起，所以要讓中央稍微凹陷。

熱帶
Tropique

份量　24×4.5cm、高度5cm的磅蛋糕模型6個

椰子磅蛋糕
- 奶油（恢復至常溫）—— 100g
- 糖粉 —— 155g
- 全蛋 —— 180g
- 椰子果泥（切成1cm丁塊後，解凍）
  —— 20g
- 杏仁粉 —— 40g
- 椰子細粉 —— 105g
- 低筋麵粉 —— 75g
- 泡打粉 —— 1.6g

百香果磅蛋糕
- 奶油（恢復至常溫）—— 230g
- 糖粉 —— 355g
- 全蛋 —— 410g
- 杏仁粉 —— 230g
- 低筋麵粉 —— 200g
- 泡打粉 —— 4.8g
  - 杏桃乾 —— 75g
  - 百香果果泥
    （切成1cm丁塊後，解凍）—— 240g

杏仁碎粒（1/12切片）—— 適量

酒糖液
百香果甜露酒 —— 60g／1個

淋醬
- 杏桃果醬 —— 500g
- 百香果果泥（冷凍狀態下切成1cm丁塊）
  —— 50g

裝飾
- 法式水果軟糖（百香果→P.40）
  —— 1/2切成24塊
- 芒果乾 —— 18塊

Tropic

Makes six 24-cm×4.5-cm, 5-cm height pound cakes

Coconut pound cake dough
- 100g unsalted butter, at room temperature
- 155g confectioners' sugar
- 180g whole eggs
- 20g frozen coconut purée,
  cut into 1-cm cubes, and defrost
- 40g almond flour
- 105g coconut fine shred
- 75g all-purpose flour
- 1.6g baking powder

Passion fruit pound cake dough
- 230g unsalted butter, at room temperature
- 355g confectioners' sugar
- 410g whole eggs
- 230g almond flour
- 200g all-purpose flour
- 4.8g baking powder
  - 75g dried apricot
  - 240g frozen passion fruit purée,
    cut into 1-cm cubes, and defrost

diced almonds, 4-6mm size

For the syrup
60g passion fruit liqueur for 1 cake

For the glaze
- 500g apricot jam
- 50g frozen passion fruit purée,
  cut into 1-cm cubes

For décor
- 24 pieces passion-fruit jelly candies halves, see page 40
- 18 dried mangos

含有大量百香果果汁的酸甜蛋糕和椰子的口感，
讓人感受到有如南國的太陽。

咖啡栗子
Café marron

份量 口徑7cm×深度1.5cm的 樹脂製空心圓模70個	**Coffee and chestnut**
	Makes seventy savarin-shaped cakes *7-cm diameter×1.5-cm depth savarin silicon mold tray

咖啡磅蛋糕
- 奶油（恢復至常溫）—— 400g
- 糖粉 —— 610g
- 全蛋 —— 705g
- 杏仁粉 —— 400g
- 低筋麵粉 —— 300g
- 泡打粉 —— 13g
- 即溶咖啡 —— 50g

糖煮澀皮栗子（切成7mm丁塊）—— 160g
榛果碎粒（1/16切片）—— 適量

酒糖液 將以下材料混合
- 卡魯哇（咖啡香甜酒）—— 300g
- 萊姆酒 —— 150g

咖啡翻糖
- 翻糖 —— 200g
- 咖啡萃取物 —— 12g
- 波美30°糖漿 —— 5g

Coffee pound cake dough
- 400g unsalted butter, at room temperature
- 610g confectioners' sugar
- 705g whole eggs
- 400g almond flour
- 300g all-purpose flour
- 13g baking powder
- 50g instant coffee

160g shelled chestnuts compote, cut into 7-mm cubes
diced hazelnuts, 3-4mm size

For the syrup
- 300g Kahlúa (coffee liqueur)
- 150g rum

Coffee fondant
- 200g white fondant (white icing paste)
- 12g coffee extract
- 5g baume-30° syrup

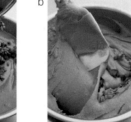
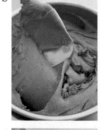
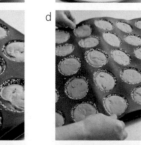

1 模型厚塗上髮蠟狀的奶油（份量外），撒上榛果碎粒（1/16切片），冷藏備用。

2 製作咖啡磅蛋糕。參考磅蛋糕（→P.24）的製作方法，把即溶咖啡和低筋麵粉、泡打粉一起加入。倒進鋼盆。

3 把切好的糖煮澀皮栗子倒進步驟2，用橡膠刮刀拌勻〔a～b〕。

4 用口徑1.3cm的圓形花嘴，把步驟3擠進步驟1的模型裡面，連同模型一起往下輕敲，使材料平整〔c～d〕。

5 把步驟4放在烤盤上面，用166℃烘烤約34分鐘。剛開始在烘烤16分鐘後，取出，改變烤盤的方向，放回烤箱，經過6分鐘後，放上樹脂製烤盤墊和烤盤，連同烤盤一起翻面，脫模〔e〕，放回烤箱。進一步在分別烘烤5分鐘、4分鐘的時候取出轉向，最後再烘烤3分鐘，確認烤色，調整烘烤時間和位置，避免烤色不均〔f〕。放在烤架上放涼。

6 步驟5浸泡酒糖液，讓蛋糕吸收6.5g，放在烤架上，靜置30分鐘以上。

7 製作咖啡翻糖。翻糖搓揉軟化後，放進鋼盆，加入咖啡萃取物和糖漿，隔水加熱，一邊攪拌調溫至47℃。

8 用口徑5mm的圓形花嘴，把步驟7的咖啡翻糖擠進步驟6的中央。

濃醇咖啡風味的翻糖擺放在正中央，讓人不斷感受到咖啡的甜膩香氣，
蛋糕浸泡咖啡香甜酒和萊姆酒，充分展現出咖啡魅力。

305

焦糖無花果
Caramel figue

份量　24×4.5cm、高度5cm的磅蛋糕模型4個

磅蛋糕
- 奶油（恢復至常溫）—— 180g
- 糖粉 —— 275g
- 全蛋 —— 320g
- 杏仁粉 —— 180g
- 低筋麵粉 —— 135g
- 泡打粉 —— 2.8g

焦糖醬
- 水飴 —— 45g
- 精白砂糖 —— 155g
- 鮮奶油（乳脂肪38%）—— 155g

紅酒煮無花果（→P.39）—— 180g
杏仁碎粒（1/12切片）—— 適量

淋醬
- 杏桃果醬 —— 400g
- 紅酒煮無花果的糖漿（同上）—— 100g

裝飾
- 紅酒煮無花果的果肉 —— 3個／1個
- 肉桂、八角、丁香 —— 各適量

Caramel and fig

Makes four 24-cm×4.5-cm, 5-cm height pound cakes

Pound cake dough
- 180g unsalted butter, at room temperature
- 275g confectioners' sugar
- 320g whole eggs
- 180g almond flour
- 135g all-purpose flour
- 2.8g baking powder

Caramel sauce
- 45g starch syrup
- 155g granulated sugar
- 155g fresh heavy cream, 38% butterfat

180g red wine poached dried figs , see page 39
diced almonds, 4-6mm size

For the glaze
- 400g apricot jam
- 100g red wine syrup for poached dried figs, see above

For décor
- 3 red wine poached dried figs for 1 cake, see above
- cinnamon, star anise, clove

由大家喜歡的焦糖製成微苦風味、濃郁醇厚的無花果，
讓人感受到「成熟的無花果」韻味。

a

b

c

d

e

f

g

h

i

1 磅蛋糕模型預先抹上髮蠟狀的奶油（份量外），把剪裁好的烘焙紙貼在橫長面，再次塗抹上奶油，冷藏備用。

2 用食物調理機的短開關把紅酒煮無花果乾的果肉攪拌成粗粒〔a～b〕，放進鋼盆備用。

3 把焦糖醬烹煮至微苦，倒進鋼盆（→P.150焦糖塔的步驟5～6），放涼備用。

4 製作磅蛋糕（→P.24），參考焦糖杏桃的步驟4（→P.303），把步驟3和磅蛋糕麵糊混合在一起，製作成麵糊〔c〕。

5 把步驟4的部分麵糊倒進步驟2裡面，充分拌勻，硬度一致後〔d〕，倒回步驟4，用橡膠刮刀充分拌勻〔e〕。

6 用口徑1.7cm的圓形花嘴，把步驟5擠進步驟1的模型裡面（385g）〔f〕，向下輕敲，使材料平整。在上方的兩側撒上杏仁碎粒（1/12切片），放在烤盤上。

7 用170℃的烤箱烘烤42分鐘。剛開始在經過9分鐘後，取出，把模型的位置對調，用刀子在中央切出切口後，放回烤箱裡面。經過3分鐘之後，在相同的位置切出切口，放進溫度下降至168℃的烤箱。進一步烘烤10分鐘之後，把模型的位置對調，在底部放上另一塊烤盤，以2塊烤盤重疊的狀態放回烤箱，再經過10分鐘後，把模型的位置對調，覆蓋上樹脂製烤盤墊，放進烤箱。進一步烘烤5分鐘後，改變烤盤的方向，烘烤5分鐘，確認烤色，調整烘烤時間和位置，避免烤色不均。脫模，撕掉烘焙紙，放涼〔g〕。

*因為底部容易焦黑，所以中途要採用2塊烤盤。

8 把淋醬的材料放進手鍋，收乾水分，放進調理盤，用雙手拿著步驟6，只讓上方沾上淋醬2次〔h〕。

9 在上方裝飾紅酒煮無花果的果肉、肉桂、八角和丁香。

迪歐
Duo

雙層蛋糕。讓人感受到酸味和圓潤的黑醋栗蛋糕搭配下方的栗子蛋糕，
帶來沉穩的濃郁感。味道鮮明，剛出爐的最美味。

迪歐
Duo

份量　12×4.5cm、高度5cm的磅蛋糕模型12個

栗子磅蛋糕
- 奶油（恢復至常溫）—— 130g
- 糖粉 —— 190g
- 全蛋 —— 220g
- 杏仁粉 —— 125g
- 低筋麵粉 —— 90g
- 泡打粉 —— 1.5g
- 栗子奶油醬 —— 195g
- 栗子碎粒（切成5mm丁塊）—— 110g
- 萊姆酒 —— 25g

黑醋栗磅蛋糕
- 奶油（恢復至常溫）—— 170g
- 糖粉 —— 255g
- 全蛋 —— 295g
- 杏仁粉 —— 170g
- 低筋麵粉 —— 120g
- 泡打粉 —— 2.5g
- 黑醋栗果泥（切成1cm丁塊後，解凍）—— 150g
- 冷凍黑醋栗（整顆，解凍）—— 75g

杏仁碎粒（1/12切片）—— 適量

酒糖液　將以下材料混合
- 洋梨白蘭地酒 —— 150g
- 黑醋栗香甜酒 —— 150g

裝飾
- 黑醋栗果醬（→P.37果醬）—— 50g
- 法式水果軟糖（黑醋栗→P.40）
  —— 1/4切成24塊
- 無花果碎粒（1/16切片）—— 適量
- 裝飾用糖漬栗子 —— 1個／1個

Duo

Makes twelve 12-cm×4.5-cm, 5-cm height pound cakes

Chestnut pound cake dough
- 130g unsalted butter, at room temperature
- 190g confectioners' sugar
- 220g whole eggs
- 125g almond flour
- 90g all-purpose flour
- 1.5g baking powder
- 195g chestnut cream
- 110g broken marron glacés, cut into 5-mm cubes
- 25g rum

Blackcurrant pound cake dough
- 170g unsalted butter, at room temperature
- 255g confectioners' sugar
- 295g whole eggs
- 170g almond flour
- 120g all-purpose flour
- 2.5g baking powder
- 150g frozen blackcurrant purée, cut into 1-cm cubes, and defrost
- 75g frozen blackcurrants, and defrost

diced almonds, 4-6mm size

For the syrup
- 150g Pear eau-de-vie (pear brandy)
- 150g crème de cassis (blackcurrant liqueur)

For décor
- 50g blackcurrant jam , see page 37
- 24 pieces blackcurrant jelly candies quartered, see page 40
- diced pistachios, 3-4mm size
- 1 chestnut in syrup for 1 cake

1 磅蛋糕模型預先抹上髮蠟狀的奶油（份量外），把剪裁好的烘焙紙貼在橫長面，再次塗抹上奶油，撒上杏仁碎粒（1/12切片），冷藏備用。

2 製作栗子磅蛋糕。製作磅蛋糕麵糊（→P.24），倒進鋼盆。加入栗子奶油醬，用橡膠刮刀充分拌勻〔a〕。

3 把栗子碎粒和萊姆酒放進另一個鋼盆，連同鋼盆一起搖晃混合〔b〕。加入少量的步驟2拌勻〔c〕，倒回步驟2的鋼盆裡拌勻。

4 以幾乎同步的方式製作黑醋栗磅蛋糕。把解凍的果泥和整顆的黑醋栗放進另一個鋼盆，用橡膠刮刀拌勻〔d〕。

5 參考磅蛋糕的步驟1～4（→P.24），製作麵糊。加入杏仁粉拌勻後，一邊倒入步驟4，一邊用短開關的方式攪拌〔e〕，避免把整顆黑醋栗完全絞碎〔f〕。加入過篩的低筋麵粉和泡打粉拌勻，倒進鋼盆（磅蛋糕的步驟5～6）。

6 用口徑1.7cm的圓形花嘴，把步驟3的栗子磅蛋糕擠進步驟1的模型裡面（85g），放進冷藏稍微凝固。接著，以相同尺寸的花嘴，擠入步驟5的黑醋栗磅蛋糕（95g）〔g〕。

7 把杏仁碎粒（1/12切片）撒在步驟6上面〔h〕，排放在烤盤上，大約烘烤40分鐘。放進170℃的烤箱，經過8分鐘後，在中央切出切口，把模型的位置對調，放回烤箱裡面，經過3分鐘之後，在相同的位置切出切口，把模型的位置對調，放進溫度下降至168℃的烤箱裡面。每隔10分鐘、7分鐘，把模型的位置對調，在第2次取出的時候，覆蓋上樹脂製烤盤墊，放回烤箱。進一步烘烤7分鐘之後，改變烤盤的方向，烘烤5分鐘後，確認烤色，調整烘烤時間和位置，避免烤色不均。出爐後，脫模，放涼〔i〕。

8 步驟7浸泡酒糖液，讓蛋糕分別吸收25g的酒糖液後，排放在樹脂加工的烤盤〔j〕，靜置20～30分鐘，等待乾燥。

9 用口徑4mm的圓形花嘴，把黑醋栗果醬擠在步驟8的上面，擠成波浪狀，把糖漬栗子放在果醬上面，撒上開心果碎粒（1/16切片），在兩端放上法式水果軟糖。

尼斯海灘
Plage Nice

份量　長度8cm×寬度4.5cm的貝殼模型72個

精白砂糖 —— 630g
奶油（冷凍後薄削）—— 180g
薑泥 —— 80g
全蛋 —— 450g
鮮奶油（乳脂肪38%）—— 270g
┌ 低筋麵粉 —— 405g
└ 泡打粉 —— 4.5g

裝飾
Raftisnow —— 適量

Nice beach

Makes seventy two shell-shaped cakes
*8-cm×4.5-cm madeleine pan

630g granulated sugar
180g unsalted butter, frozen and shaved
80g grated fresh ginger
450g whole eggs
270g fresh heavy cream, 38% butterfat
┌ 405g all-purpose flour
└ 4.5g baking powder

For décor
rafrisnow

a

b
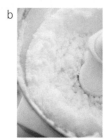

c

d
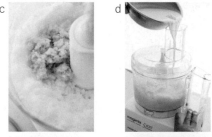

e

f

g

h

1　把奶油放進冷凍庫，凝固後，用佩蒂小刀削成薄片，放進冷凍庫備用。≡1

2　把砂糖、步驟1的奶油放進食物調理機〔a〕，用短開關攪拌成砂狀〔b〕。以下，一直到最後都採用短開關的方式攪拌。≡2

3　把薑泥倒進步驟2裡面攪拌〔c〕。
　　*薑的長纖維要預先用鑷子抽掉，以免影響口感。

4　打散的全蛋和鮮奶油放在一起攪拌，倒進步驟3裡面攪拌〔d〕。粉末類材料也倒入，以相同方式攪拌。只要呈現稍微混合的狀態即可。倒進鋼盆，冷藏1天〔e〕。照片是醒麵完成的狀態。
　　*若是當天烘烤，最少要醒麵4～5小時。

5　模型薄塗上髮蠟狀的奶油（份量外），冷藏備用〔f〕。

6　用口徑1.3cm的圓形花嘴，把步驟4擠進步驟5的模型裡面〔g〕，連同模型一起向下輕敲，消除氣泡。用168℃的烤箱烘烤19分鐘。剛開始在經過16分鐘後取出，把烤盤的方向對調，放回烤箱，進一步烘烤3分鐘，確認烤色，調整烘烤時間和位置。

7　出爐後〔h〕，翻面，脫模，放涼。撒上2次Raftisnow。

≡1　如果採用髮蠟狀的奶油，質地會變得細密。把冰冷的奶油削成薄片混入，就會產生略粗的氣泡，使表面酥脆。
≡2　攪拌過度會因為摩擦熱而使麵糊變軟，所以要在每次攪拌完成後，再加入下一個材料。

含有氣泡的麵糊膨脹鬆軟，薑的高雅香氣滿溢。
喜歡薑的人絕對無法抗拒。裝飾的純白砂糖宛如尼斯的海灘。

特羅佩
Tropézienne

份量　直徑14cm圓形模型4個
＊準備直徑14cm的圓形圈模4個。

布莉歐麵包
```
┌ 全蛋 —— 165g
│ 牛乳 —— 25g
│ ┌ 水 —— 15g
│ │ 快速乾酵母 —— 4g
│ └ 精白砂糖 —— 1撮
│ ┌ 高筋麵粉 —— 250g
│ │ 精白砂糖 —— 30g
│ └ 鹽巴 —— 5g
└ 奶油 —— 150g
```

手粉 —— 適量
蛋液（全蛋）—— 適量
冰雹糖 —— 適量

酒糖液　將以下材料混合
```
┌ 波美30°糖漿 —— 100g
│ 櫻桃酒 —— 70g
└ 水 —— 60g
```

慕斯林奶油醬
```
┌ ・甜點師奶油醬
│   —— 以下取500g使用
│ ┌ 牛乳 —— 350g
│ │ 香草棒 —— 1/2根
│ │ 蛋黃 —— 70g
│ │ 精白砂糖 —— 80g
│ │ 低筋麵粉 —— 20g
│ │ 玉米粉 —— 20g
│ └ 奶油A —— 90g
│ 奶油B（恢復至常溫）—— 90g
└ 櫻桃酒 —— 40g
```

Tropézienne

Makes four 14-cm diameter round cakes
*four 14-cm round cake rings

Brioche dough
```
┌ 165g whole eggs
│ 25g whole milk
│ ┌ 15g water
│ │ 4g instant dried yeast
│ └ a pinch of granulated sugar
│ ┌ 250g bread flour
│ │ 30g granulated sugar
│ └ 5g salt
└ 150g unsalted butter
```

flour for work surface
whole egg
pearl sugar

For the syrup
```
┌ 100g baume-30° syrup
│ 70g kirsch
└ 60g water
```

Mousseline cream
```
┌ ・Custard cream (use 500g)
│ ┌ 350g whole milk
│ │ 1/2 vanilla bean
│ │ 70g egg yolks
│ │ 80g granulated sugar
│ │ 20g all-purpose flour
│ │ 20g corn starch
│ └ 90g unsalted butterA
│ 90g unsalted butterB, at room temperature
└ 40g kirsch
```

完美的美味。奶油風味絕佳的布莉歐麵包和
利用櫻桃酒增添香氣的慕斯林奶油醬的黃金組合。

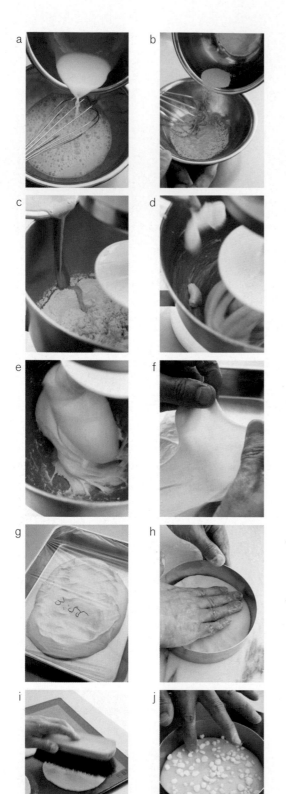

製作布莉歐麵包

1 雞蛋放進鋼盆打散。加入加熱至35℃的溫牛乳〔a〕，用打蛋器一邊攪拌，一邊用IH調理器加熱至35℃。

2 在加熱至35℃的溫水裡加入快速乾酵母和一撮砂糖拌勻〔b〕，倒進步驟1裡面拌勻。

3 把高筋麵粉、砂糖和鹽巴放進攪拌盆裡面攪拌，避免鹽巴直接碰觸到酵母。

4 裝上攪拌勾，用低速轉動攪拌機，一邊從攪拌盆邊緣倒入步驟2，一邊攪拌，步驟2全部倒完之後，改用中高速攪拌〔c〕。

5 感覺可以把攪拌盆側面的麵糊刮乾淨的時候，關掉攪拌機，暫時把攪拌盆裡面的麵糊刮乾淨。再次用中高速攪拌，把擀麵棍敲打過的奶油撕碎加入，進一步進行攪拌〔d〕。經過3～4分鐘，麵團纏繞在攪拌勾上面，攪拌作業便完成了〔e〕。呈現可延展成薄膜狀的狀態〔f〕。

6 把步驟5的麵團放進塗抹上奶油（份量外）的調理盤裡面，攤平，用塑膠膜覆蓋，用35℃左右的焙爐（發酵器）發酵1小時左右〔g〕。

7 捶打步驟6，覆蓋上塑膠膜，冷藏一個晚上。

8 直徑14cm的圈模薄塗上髮蠟狀的奶油（份量外），冷藏備用。

9 步驟7的麵團分割成150g一坨，撒上手粉，用擀麵棍擀壓成直徑14cm左右的圓形。放進14cm的圓形圈模裡面，調整形狀，排放在烤盤上面的樹脂製烤盤墊上面，掃除多餘的手粉〔h～i〕。

10 把步驟9放進放在樹脂製烤盤墊上面的步驟8的圓形圈模，輕輕按壓麵團，使麵團展延至邊緣。噴上水霧，放進35℃的焙爐裡面，讓麵團進行1小時的2次發酵。

11 用刷子把蛋液塗抹在表面，撒上冰雹糖後輕壓〔j〕。按壓的力道不要過猛，以免影響烘烤。

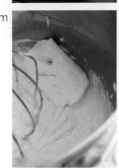

12 用175℃的烤箱烘烤25分鐘。每隔10分鐘取出，共計2次，把烤盤的方向對調，放回烤箱，進一步烘烤5分鐘後，確認烤色，調整烘烤時間和位置，避免烤色不均〔k〕。出爐後，脫模，放涼。

13 擺上厚度控制尺，從布莉歐麵包下方切出厚度1cm的薄片。在底部布莉歐麵包的剖面抹上35g左右的酒糖液，上方布莉歐麵包的剖面則塗抹20g左右的酒糖液〔l〕。

製作慕斯林奶油醬

14 甜點師奶油醬（→P.25）先烹煮起來備用，烹煮完成後，加入奶油A拌勻，倒進調理盤鋪平冷卻，冷藏備用。

15 用中高速的攪拌機，重新拌勻步驟14，在常溫下軟化的奶油B分2次加入，攪拌打發〔m〕。呈現柔軟狀態後，加入櫻桃酒攪拌〔n〕。☰1

16 用口徑1.3cm的圓形花嘴，在步驟13的底部布莉歐麵包上擠2層漩渦狀。上層採用略小的漩渦狀〔o〕。每個布莉歐麵包擠出150g。把上方的布莉歐麵包疊放在上面，輕輕按壓。

☰1　我的修業地點「莫杜依」在慕斯林奶油醬裡面加了櫻桃酒，因為感覺很好吃，所以這裡也嘗試添加了櫻桃酒。

黑棗巧克力
Chocolat prune

份量　口徑6.5cm×深度3.5cm的布丁模型40個

全蛋 —— 400g
精白砂糖 —— 305g
融化奶油（煮沸）—— 205g
黑巧克力（可可61%）—— 255g
[低筋麵粉 —— 100g
[可可粉 —— 35g

萊姆酒漬黑棗
[黑棗乾 —— 40個
[萊姆酒 —— 黑棗乾重量的2成

椰子細粉 —— 適量

Chocolate and prune

Makes forty round cakes
*6.5-cm diameter×3.5-cm depth custard baking mold

400g whole eggs
305g granulated sugar
205g melted unsalted butter, boiling
255g dark chocolate, 61% cacao
[100g all-purpose flour
[35g cocoa powder

Prunes in rum
[40 prunes
[rum, 20% for the total weight prunes

coconut fine shred, for sprinkle

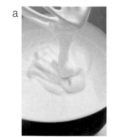
a

b

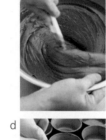
c

d

e

f

1 黑棗和黑棗重量1成的萊姆酒一起放進密封容器浸漬，隔天再倒進1成的萊姆酒，在室溫下放置一星期。

2 模型薄塗上髮蠟狀的奶油（份量外），冷藏備用。

3 把雞蛋放進攪拌盆打散，加入砂糖，用中高速（桌上型攪拌機的8速）打發4～5分鐘後，用低速（桌上型攪拌機的3速）運轉約3分鐘，調整出細緻的質地〔a〕。倒進鋼盆。

4 把煮沸的奶油倒進巧克力裡面，使巧克力融化，倒進步驟3裡面，用橡膠刮刀切拌。一邊篩入混合在一起的粉末類材料，一邊切拌，最後為避免烘烤時膨脹過度，要以壓破氣泡的感覺進行攪拌〔b～c〕。

5 用口徑1.3cm的圓形花嘴，把步驟4擠進步驟2至6～7分滿〔d〕。連同模型一起往下輕敲，消除氣泡。

6 步驟1的黑棗，分別放置1個在步驟5上面。撒滿椰子細粉，把多餘的椰子細粉清除〔e〕。

7 用170℃的烤箱烘烤10～11分鐘。剛開始在經過5分鐘後取出，把模型的位置對調，再放回烤箱，進一步烘烤5分鐘半，確認烤色，一邊進行調整〔f〕。出爐後，脫模，放涼。

放上用萊姆酒浸漬的黑棗之後,濕潤的巧克力麵糊偶爾可感受到黑棗的酸味,
持續美味到最後一口。

準備酥皮

1 酥皮擀壓成2mm的厚度，用直徑16cm的圓形切模壓切出2片，扎小孔。

2 用筆在酥皮邊緣2cm處塗抹蛋液〔a〕。

3 用手指逐一翻折邊緣，繞行一圈，讓尺寸縮小，足以收納在直徑14cm的法式塔圈裡面〔b～c〕。放在樹脂製烤盤墊上面。

製作卡士達杏仁奶油醬

4 以1：2的比例，將甜點師奶油醬和杏仁奶油醬混在一起，製作出卡士達杏仁奶油醬（→P.26），用口徑1.3cm的圓形花嘴，在步驟3摺好的酥皮邊緣內側，分別擠出一半份量，擠成漩渦狀〔d〕。

5 把煎蘋果放在步驟4的上面，分別放上10塊，避免奶油醬溢出。然後在直徑14cm的法式塔圈內側薄塗奶油（份量外），放置在上方〔e〕。分別留下2塊煎蘋果備用。

6 蘋果稍微按壓之後〔f〕，用168℃烘烤20分鐘〔g〕。≡1

準備飾頂蘋果

7 蘋果去皮，縱切成寬度4～5mm的片狀，把果核堅硬的部分去除，切成4～5mm的響板切〔h〕。放進鋼盆。

8 砂糖和肉桂粉混合，倒進步驟7裡面拌勻〔i〕。≡2

9 步驟8的蘋果分別把165g疊放在步驟6上面，把剛從冰箱取出的奶油（10g）撕碎，放在上方，撒上5g的精白砂糖〔j〕。放回168℃的烤箱。烘烤10分鐘後，取出，拿掉法式塔圈，進一步烘烤10分鐘〔k〕。再次取出，觀察烘烤的樣子，把烤盤的方向對調，進一步烘烤5分鐘〔l〕。根據烤色調整烘烤時間。

最後加工

10 出爐後，放涼，撒上Raftisnow，把步驟5預留下來的2片煎蘋果裝飾在最頂端。

≡1 酥皮烘烤之後會膨脹。為避免煎蘋果超出邊緣，蘋果要放置在酥皮的內側。

≡2 如果只使用肉桂粉的話，肉桂粉沒辦法分散得太均勻。只要加上砂糖，肉桂粉就可以分散均勻。另外，肉桂太多容易焦黑，所以只加入少量即可。

櫻桃塔

Tarte aux cerises

多汁、酸甜的櫻桃風味，
和添加了開心果醬的濃郁法式甜塔皮，形成強烈的對比。

藍莓餡餅
Tarte aux myrtilles

份量　直徑12cm、高度2cm的法式塔圈 2個
＊準備直徑16cm的圓形切模。

法式甜塔皮（→P.15）
　　──已入模2個（約200g）

卡士達杏仁奶油醬（→P.26）── 160g

配料
藍莓── 60g／個

裝飾
┌ ・黑醋栗翻糖
│　┌ 翻糖── 180g
│　└ 黑醋栗果醬（切成1cm丁塊後，解凍）── 18g
└ 藍莓── 7粒／1個

Blueberry tart

Makes two 12-cm diameter tarts
*two 12-cm diameter × 2-cm height tart rings,
16-cm diameter round pastry cutter

about 200g sweet tart dough for two tarts, see page 15

160g frangipane cream, see page 26

For the garnish
60g blueberries, for 1 tart

For décor
┌ ・Blackcurrant fondant
│　┌ 180g white fondant (white icing paste)
│　└ 18g frozen blackcurrant purée, cut into 1-cm cubes, and defrost
└ 7 blueberries, for 1 tart

a

b

c

d

e

f

g

h

i

j

裝填卡士達杏仁奶油醬

1 從冷凍庫裡面取出2個預先用直徑12cm法式塔圈入模（→P.18法式塔圈）的法式甜塔皮，排放在樹脂製烤盤墊上面。

2 用橡膠刮刀，分別把卡士達杏仁奶油醬的一半份量撥進步驟1裡面，用較小的I型抹刀一邊排除氣泡，一邊抹平〔a〕。

3 分別把60g的藍莓排放在步驟2，向下輕壓〔b〕。把剩下的卡士達杏仁奶油醬填入，用抹刀抹平〔c〕。避免藍莓的表面超出卡士達杏仁奶油醬。冷藏5分鐘。

4 用168℃的烤箱共計烘烤38分鐘。剛開始在經過8分鐘後取出，把烤盤的方向對調後，放回烤箱。進一步烘烤10分鐘，把高於麵糊的模型擺放在麵糊之間和周邊，避免麵糊沾黏，覆蓋上樹脂製烤盤墊〔d〕，改變烤盤的方向，再次烘烤10分鐘。取出後，稍微轉動法式塔圈，把法式塔圈拿掉，放回烤箱〔e〕。再次經過6分鐘後取出，確認烤色，改變方向，再放回烤箱，最後再烘烤4分鐘，直到烤色均勻。※1

5 移放到托盤上，放涼〔f〕。

最後加工

6 製作黑醋栗翻糖。翻糖搓揉軟化後，放進鋼盆，隔水加熱使翻糖變軟（40℃），加入解凍的黑醋栗果泥，一邊攪拌，調溫成40～45℃〔g～i〕。

7 把步驟5顛倒過來，只在上面沾附上步驟6，上下晃動，把多餘的翻糖瀝掉。用手指抹掉沾在塔皮上的翻糖〔j〕。

8 分別在上面裝飾7粒藍莓。

※1 藍莓餡餅和櫻桃塔（→P.329）在烘烤時，果汁會滲出，使表面變得容易焦黑，所以為了讓塔皮確實熟透，烘烤中途要覆蓋上樹脂製烤盤墊，再繼續進行烘烤。

準備糖漬金桔

1 預先製作糖漬金桔（→P.36），把金桔覆蓋在廚房紙巾上面，把水分瀝乾備用〔a～b〕。

製作白荳蔻卡士達杏仁奶油醬

2 從冷凍庫裡面取出2個預先用直徑14cm法式塔圈入模（→P.18法式塔圈）的法式甜塔皮，排放在樹脂製烤盤墊上面。

3 把白荳蔻粉倒進卡士達杏仁奶油醬裡面，用橡膠刮刀拌勻。分別把一半份量倒進步驟2裡面，用較小的L型抹刀抹平〔c〕。

4 把步驟1的剖面朝上（10塊），放置在步驟3距離邊緣5mm的位置，用手指輕輕往下按壓〔d〕。另一個也採取相同作法。冷藏5分鐘。≡1

5 用168℃的烤箱共計烘烤31分鐘。剛開始在經過12分鐘後，把烤盤的方向對調，放回烤箱。烘烤9分鐘後，用三角抹刀把塔皮向下壓，然後拿掉法式塔圈〔e～f〕。把烤盤的方向對掉，確認烘烤程度，改變烤盤的方向，放回烤箱，最後再烘烤5分鐘，使烤色均勻〔g〕。移到托盤，放涼。

最後加工

6 製作柑橘翻糖。把搓揉軟化的翻糖放進鋼盆，隔水加熱使翻糖變軟（40℃），加入柑橘濃縮汁，一邊攪拌，調溫成40～45℃。

7 用口徑4mm的圓形花嘴，把步驟6的柑橘翻糖擠在步驟5的金桔周圍，裝飾上開心果片〔h〕。

≡1　配料的糖漬金桔如果放在塔皮邊緣，就容易焦黑，所以要稍微往內側放置。

5

果醬和巧克力

果醬

巧克力

檸檬草風味的黃金桃果醬
Confiture pêche jaune à la citonnelle

份量　260g的瓶子5瓶

黃金桃 —— 1kg
┌ 水飴 —— 135g
│ 精白砂糖A —— 175g
└ 水 —— 75g

┌ 精白砂糖B —— 115g
└ HM果膠PG879S —— 6.5g

檸檬草（新鮮） —— 15cm長8支
檸檬汁 —— 115g

Yellow peach jam with lemongrass

Makes five jars of 260g

1kg peaches "Ougontou" (yellow flesh)
┌ 135g starch syrup
│ 175g granulated sugar A
└ 75g water

┌ 115g granulated sugar B
└ 6.5g HM pectin (for fruit jelly candies)

8 fresh lemongrass of 15-cm
115g fresh lemon juice

a 　b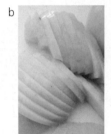

c 　d

1　黃金桃以縱向入刀，切成對半後，把種籽和外皮去除〔a〕，橫切成片〔b〕。≣1

2　檸檬草切成3～4cm長。

3　把水飴、砂糖A、水放進手鍋煮沸，溫度達到105～110℃後，關火，把1/3份量的步驟1倒入（→P.346草莓醬步驟2的≣1）。

4　一邊用打蛋器攪拌，一邊把混合好的砂糖B和果膠，倒進步驟3裡面。用橡膠刮刀把周邊刮乾淨後，改用木杓，開火加熱。

5　加入剩下的黃金桃和步驟2的檸檬草，一邊攪拌加熱〔c～d〕。

6　煮沸，黃金桃膨脹後，關火，加入檸檬汁拌勻。裝瓶，煮沸12分鐘（→P.346草莓醬的步驟5）。

關於黃金桃

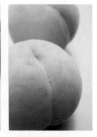

≣1　黃金桃使用香氣、酸味都比較濃厚的種類。黃金桃屬於黃桃的一種，肉質較脆硬，和傳統的黃桃不同，較多汁。果肉有黃色、橘色兩種，果皮有黃色或偏紅色。

在酸甜味恰到好處的黃金桃裡面，添加檸檬草的清涼感。

洋梨、無花果和黑醋栗的果醬
Confiture poire figue et cassis

份量　260g的瓶子7瓶

冷凍黑無花果（整顆）—— 500g
[水飴 —— 200g
  精白砂糖A —— 300g
  水 —— 100g
洋梨果泥（冷凍狀態下切成1cm丁塊）—— 500g

[精白砂糖B —— 150g
  HM果膠PG879S —— 7g

冷凍黑醋栗（整顆）—— 200g
檸檬汁 —— 115g

Pear, fig and blackcurrant jam

Makes seven jars of 260g

500g frozen black figs
[200g starch syrup
  300g granulated sugar A
  100g water
500g frozen pear purée, cut into 1-cm cubes

[150g granulated sugar B
  7g HM pectin (for fruit jelly candies)

200g frozen redcurrants
115g fresh lemon juice

a

b

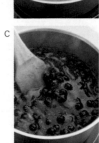
c

1 冷凍黑無花果在冷凍狀態下縱切成12等分的梳形切，放回冷凍庫備用。
　＊使用味道較濃的冷凍黑無花果。
2 把水飴、砂糖A、水放進手鍋煮沸，溫度達到105～110℃後，直接放入冷凍狀態的洋梨果泥，關火〔a〕（→P.346草莓醬步驟2的◼1）。
3 一邊把混合好的砂糖B和果膠，倒進步驟2裡面拌勻。用橡膠刮刀把周邊刮乾淨後，改用木杓，開火加熱。
4 倒進步驟1，一邊攪拌加熱〔b〕。
5 煮沸後，把冷凍黑醋栗倒進步驟4裡面，進一步加熱煮沸後，關火〔c〕。
6 加入檸檬汁拌勻。裝瓶，煮沸12分鐘（→P.346草莓醬的步驟5）。

塊狀的黑無花果，利用洋梨增添味道的豐富度，
再用黑醋栗的酸味來增添強弱，十分美味的果醬。

無花果和紅醋栗的果醬

Confiture figue et groseille

份量　260g的瓶子6瓶

無花果 —— 900g
[水飴 —— 200g
　精白砂糖A —— 200g
　水 —— 100g]

[精白砂糖B —— 200g
　HM果膠PG879S —— 3.5g]

冷凍紅醋栗（整顆）—— 200g
檸檬汁 —— 115g

Fig and redcurrant jam

Makes six jars of 260g

900g fresh figs
[200g starch syrup
　200g granulated sugar A
　100g water]

[200g granulated sugar B
　3.5g HM pectin (for fruit jelly candies)]

200g frozen redcurrants
115g fresh lemon juice

a

b

c

d

1　無花果切除芯梗，在帶皮狀態下縱切成12等分的梳形切，取
　900g備用〔a〕。
　＊使用味道較濃的冷凍黑無花果。

2　把水飴、砂糖A、水放進手鍋煮沸，溫度達到105～110℃後，
　加入步驟1一半份量的無花果（→P.346草莓醬步驟2的≣1）。

3　把混合好的砂糖B和果膠倒進步驟2裡面拌勻〔b〕。用橡膠刮刀
　把周邊刮乾淨後，改用木杓，開火加熱。

4　加入剩下的無花果，一邊攪拌加熱。

5　煮沸後〔c〕，加入冷凍紅醋栗，進一步加熱煮沸後，關火
　〔d〕。加入檸檬汁拌勻。裝瓶，煮沸12分鐘（→P.346草莓醬
　的步驟5）。

享受顆粒口感。紅醋栗的酸味讓避免烹煮過爛的無花果更顯新鮮感。

紅酒煮黑棗
Confiture prune vin rouge

份量　260g的瓶子6瓶

檸檬皮 —— 2/3個
[水飴 —— 150g
  精白砂糖A —— 250g
  水 —— 75g]
紅酒A —— 375g

[精白砂糖B —— 125g
  HM果膠PG879S —— 8.5g]

法國香草束　彎折後裝進不織布的袋子
[肉桂棒 —— 6g
  八角（整顆）—— 6g
  丁香（整顆）—— 1.2g]
黑棗 —— 500g
櫻桃乾 —— 50g
紅酒B —— 190g
檸檬汁 —— 105g

Red wine-prune compote

Makes six jars of 260g

2/3 lemon zest
[150g starch syrup
  250g granulated sugar A
  75g water]
375g red wine A

[125g granulated sugar B
  8.5g HM pectin (for fruit jelly candies)]

Bouquet garni (put spices in the non-woven pack)
[6g cinnamon stick
  6g star anise
  1.2g clove]
500g prunes
50g dried cherries
190g red wine B
105g fresh lemon juice

1　檸檬用水充分清洗乾淨，用刨刀把檸檬皮刨成細條狀，用加了鹽巴（份量外）的熱水川燙，用濾網撈起，再用流動的水充分清洗乾淨，把水分瀝乾（→P.38糖煮萊姆皮的步驟2）。

2　把水飴、砂糖A、水放進手鍋煮沸，改用大火，把步驟1倒入。再次沸騰後，用打蛋器一邊攪拌加熱。

3　溫度達到105℃，檸檬皮呈現透明感之後〔a〕，關火，加入紅酒A〔b〕。一邊攪拌，一邊把混合好的砂糖B和果膠倒入（→P.346草莓醬步驟2的▤1）。

4　加入法國香草束、黑棗、櫻桃乾。用橡膠刮刀把周邊刮乾淨後，改用木杓，用大火煮沸。一邊攪拌加熱，直到黑棗變軟〔c〕。烹煮時，時刻確認硬度。

5　黑棗變軟後，把鍋子從火爐上移開。靜置30分鐘，待香料的香氣融入後，拿掉法國香草束。

6　趁步驟5還溫熱的時候（40～50℃），倒入紅酒B、檸檬汁〔d〕。裝瓶，煮沸12分鐘（→P.346草莓醬的步驟5）。

體積膨脹的黑棗，裹上香料的香氣，進化成大人的成熟韻味。

日向夏蜜柑果醬
Confiture Konatsu

份量　260g的瓶子5瓶

日向夏蜜柑 —— 1kg
＊4～5月盛產的小型柑橘，清涼感和酸味
　是其特徵。

[水飴 —— 170g
  精白砂糖A —— 215g
  水 —— 85g

[精白砂糖B —— 170g
  HM果膠PG879S —— 7g

檸檬汁 —— 110g

Konatu jam

Makes five jars of 260g

1kg Konatu
*Small japanese citrus, in season in April and May,
features refreshing feel and acidity.
[170g starch syrup
  215g granulated sugar A
  85g water

[170g granulated sugar B
  7g HM pectin (for fruit jelly candies)

110g fresh lemon juice

a

b

c

d

1 日向夏蜜柑保留白瓤部分，去皮後，切成梳形切〔a〕，取1kg
　備用。≡1

2 把水飴、砂糖A、水放進手鍋煮沸。溫度達到105～110℃之後，
　加入步驟1的一半份量。關火，用打蛋器充分攪拌，讓果汁產生
　〔b〕（→P.346草莓醬步驟2的≡1）。

3 一邊攪拌，一邊把混合好的砂糖B和果膠倒入〔c〕。

4 用橡膠刮刀把周邊刮乾淨後，改用木杓，再次開火加熱，進一步
　把步驟1的剩餘部分倒入，改用大火，一邊攪拌加熱。

5 日向夏蜜柑變軟，呈現濃稠狀之後〔d〕，關火，倒進檸檬汁拌
　勻。裝瓶，煮沸12分鐘（→P.346草莓醬的步驟5）。

≡1　白瓤的部分帶有獨特的微苦鮮味，同時也會
有甜味殘留。

把唯有「向日夏蜜柑」才有的柑橘清爽微苦放進果醬裡面。
在絕妙苦澀中，感受初夏的來臨。

覆盆子甘納許
Ganache framboise

份量　37.5cm的正方形模1個（3cm方形144個）

黑巧克力（可可56%）── 640g
＊預先用食物調理機絞碎。

```
┌ 轉化糖 ── 20g
│ 覆盆子果泥（冷凍狀態下切成1cm丁塊）
│        ── 420g
└ 鮮奶油（乳脂肪35%）── 230g
```
黑巧克力（可可56%，融化）── 640g
覆盆子白蘭地酒 ── 195g

巧克力漿噴霧（→P.366焦糖甘納許）
　　── 基本份量
冷凍乾燥草莓粒（搗碎）── 1粒／1個

Raspberry chocolate

Makes 144 pieces of 3-cm square
*one 37.5-cm square cake ring

640g dark chocolate, 56% cacao
*crush chocolate with food processor
```
┌ 20g invert sugar
│ 420g frozen raspberry purée,
│ cut into 1-cm cubes
└ 230g fresh heavy cream, 35% butterfat
```
640g dark chocolate, 56% cacao, melted
195g raspberry eau-de-vie (raspberry brandy)

1 recipe chocolate pistol,
see page 366 "Caramel chocolate"
1 broken freeze-dried strawberry, for 1 cake

a

b

c

d

e

f

1　預先把方形模放在托盤裡的樹脂製烤盤墊上面。

2　黑巧克力預先用食物調理機絞碎。

3　果泥和轉化糖一起放進鍋裡，解凍成冰冷狀態，倒入鮮奶油，一邊攪拌加熱至60℃～65℃〔a〕。
　　＊果泥的酸味較強烈時，轉化糖倒進果泥裡面融化拌勻，再和鮮奶油一起乳化。

4　把融化調溫至35℃的黑巧克力全部倒進步驟2裡面〔b〕，進一步倒進一半份量的步驟3，稍微攪拌。用橡膠刮刀把側面刮乾淨。

5　把步驟3的剩餘部分倒進步驟4裡面〔c〕，進一步攪拌。產生光澤後，一邊攪拌，一邊分次加入覆盆子白蘭地，確實乳化之後，把側面刮乾淨〔d〕。倒進鋼盆。

6　用橡膠刮刀一邊緩慢攪拌，一邊調溫至32℃。

7　倒進步驟1的方形模裡面〔e〕，用橡膠刮刀抹平。連同托盤一起往下輕敲，稍微搖晃一下，使表面變平坦〔f〕。在室溫（18℃）下放置一晚，確實凝固。

8　參考焦糖甘納許的步驟8～11（→P.367），用分割器裁切成3cm塊狀，進行巧克力漿噴霧。馬上把絞成細碎的冷凍乾燥草莓粒放在上面。

蓮花甘納許
Ganache thé lotus

份量　37.5cm的正方形模1個
（3cm方形 144個）

黑巧克力（可可66%）—— 575g
＊預先用食物調理機絞碎。

轉化糖 —— 15g
┌ 鮮奶油（乳脂肪35%）—— 810g
└ 蓮花茶的茶葉 —— 60g
┌ 黑巧克力（可可66%，融化）—— 110g
│ 牛奶巧克力（可可41%，融化）
│ 　—— 460g
└ 干邑白蘭地 —— 175g

巧克力漿噴霧（→P.366焦糖甘納許）—— 基本份量
蓮花茶的茶葉 —— 1片／1個

Lotus tea chocolate

Makes 144 pieces of 3-cm square
*one 37.5-cm square cake ring

575g dark chocolate, 66% cacao
*crush chocolate with food processor
15g invert sugar
┌ 810g fresh heavy cream, 35% butterfat
└ 60g lotus tea leaves
┌ 110g dark chocolate, 66% cacao, melted
└ 460g milk chocolate, 41% cacao, melted
175g cognac

1 recipe chocolate pistol,
see page 366 "Caramel chocolate"
1 lotus tea leaf, for 1 cake

a 　b

c 　d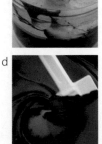

1 預先把方形模放在托盤裡的樹脂製烤盤墊上面。

2 把轉化糖倒進預先用食物調理機絞碎的黑巧克力裡面。

3 鮮奶油放進手鍋，加熱至70℃，倒進放有蓮花茶茶葉的鋼盆裡，一邊攪拌，萃取出蓮花茶。呈現出漂亮的顏色後〔a〕，過濾到另一個鋼盆裡面（約65℃左右）。

4 把融化調溫至35℃的2種巧克力全部倒進步驟2裡面，進一步倒進一半份量的步驟3，稍微攪拌。用橡膠刮刀把側面刮乾淨。接著，再把步驟3的剩餘部分倒入，進一步攪拌〔b〕。產生光澤後，一邊攪拌，一邊分次加入干邑白蘭地，確實乳化之後〔c〕，用橡膠刮刀把側面刮乾淨，倒進鋼盆。

5 用橡膠刮刀一邊攪拌，一邊調溫至32℃〔d〕。

6 參考覆盆子甘納許的步驟7（→P.368），倒進方形模，抹平，放置一晚凝固。

7 參考焦糖甘納許的步驟8～11（→P.367），用分割器裁切成3cm塊狀，進行巧克力漿噴霧。馬上把蓮花茶茶葉放在上面。

糖果巧克力
Bonbons chocolat

黑醋栗
Cassis

占度亞
Gianduya

伊列烏斯
Ilhéus

將巧克力的微苦感融解出的黑醋栗、為口感刻劃上節奏的占度亞、
強烈酸味和白巧克力組成的伊列烏斯。每一種都是絕佳的組合。

糖果巧克力

巧克力塑形、封底

份量

巧克力　1kg以上
＊讓依照各溫度進行調溫（→下述）的材料，維持在作業溫度以內。

模型的準備　用廚房紙巾把模型擦乾淨，放進暖碟櫃（保溫箱）備用。

調溫

巧克力的種類	融化溫度	結晶點	作業溫度
黑巧克力	45~50℃	25~26℃	31~32℃
牛奶巧克力	40~45℃	24~26℃	29℃
白巧克力	40~45℃	23~24℃	28~29℃

＊各溫度依製造商而各有不同。

1
把鈕扣狀的巧克力放進鋼盆，隔水加熱，融化至融化溫度。

2
鋼盆隔著冰水，偶爾摩擦底部和側面，使用橡膠刮刀的面摩擦攪拌，使溫度下降至各自的結晶點。呈現甘納許狀，碰觸時有冰涼感覺。

3
拿掉冰水，透過攪拌，使溫度達到平均後，偶爾隔水加熱攪拌，使溫度達到各自的作業溫度。呈現優於步驟2的流動性，溫度接近人體肌膚的狀態。
＊包含作業過程在內，使用吹風機進行細微的溫度調整。

1　塑形
用口徑7mm的圓形花嘴，把依照各溫度調溫完成的巧克力擠進模型，至模型邊緣為止。

2
把模型往下輕敲，排出空氣，再用橡膠刮刀等道具敲打模型側面，使整體均勻披覆。

3
把步驟2倒扣在步驟1的巧克力的鋼盆上面，用橡膠刮刀輕敲，使多餘的巧克力滴落。

4
呈現巧克力在模型裡輕薄披覆的狀態。隱約可看見光線。
＊作業溫度如果過低，披覆就會比較厚，要多加注意。

5
把步驟4橫跨在2片壓克力板的上面，避免沾在巧克力，暫時放置一段時間。

6
碰觸邊緣，巧克力凝固成黏土狀，呈現按壓仍不會凹陷的程度後，用抹刀把表面一口氣削掉。排放在托盤，蓋上蓋子，放置半天，使巧克力確實凝固。

7　放置內餡
製作甘納許等（→各頁），用口徑1cm的圓形花嘴擠入內餡，把模型往下輕敲，排出空氣。輕敲之後，上方大約會空出1mm左右的量。

8
用切麵刀等道具修整表面，在1天的室溫（18℃）下，確實使甘納許凝固。

9　封底
用口徑7mm的圓形花嘴，把調溫好的巧克力擠在步驟8的上面。往下輕敲，排出空氣，使表面平整。

10
趁還沒有凝固的時候，用抹刀把模型表面多餘的巧克力刮到巧克力的鋼盆裡面。

11
進一步用抹刀把表面削平。表面凝固之後，蓋上鋪有白報紙的托盤，在室溫下（18℃）放置。凝固後，即可進行脫模。

三1　目測確認，當模型底部和巧克力之間產生空隙，就可以進行脫模。
不放冰箱，自然等待凝固的作法便是「HIDEMI SUGINO」式的作法。

伊列烏斯

Ilhéus

份量　2.5cm方形、高度2cm 72個

＊準備27.5×13.5cm、
　高度2.4cm的24連巧克力模3個。

甘納許（內餡）
- 白巧克力（可可35%，融化）
  —— 270g
- 加勒比海雞尾酒果泥
  （→P.78，冷凍狀態下切成1cm丁塊）
  —— 70g
- 濃縮檸檬汁 —— 30g
- 水飴 —— 25g
- 鮮奶油（乳脂肪35%）—— 50g
- 坦奎瑞琴酒NO.10 —— 55g
- 萊姆皮碎屑 —— 2g

模型用
- 可可脂 —— 10g
- 巧克力用色素（紅、黃）—— 各1g
- 白巧克力（可可35%）—— 1kg

Ilhéus

Makes seventy two 2.5-cm squares, 2-cm height cubes
*three 27.5-cm×13.5-cm, 2.4-cm height
chocolate mold-24 wells

For the filling
- 270g white chocolate, 35% cacao butter, melted
- 70g frozen "Caribbean cocktail" purée,
  cut into1-cm cubes
- 30g lemon concentrated preparation
- 25g starch syrup
- 50g fresh heavy cream, 35% butterfat
- 55g Tanqueray No.10 (British gin)
- 2g grated lime zest

For the mold
- 10g cocoa butter
- 1g of each red and yellow food coloring
  for chocolate
- 1kg white chocolate, 35% cacao butter

a

b

c

d

e

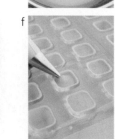
f

1　把模型用的可可脂隔水加熱，融化調溫至45℃後，加入巧克力用色素拌勻，沾在戴著橡膠手套的指尖上面，以畫圓方式，在模型底部摩擦，使其凝固。模型用白巧克力調溫至28℃左右的作業溫度，用沾上色素的模型進行塑形，製作外殼（→P.371的步驟1～6）。

2　製作內餡。白巧克力融化調溫至35℃備用。

3　加勒比海雞尾酒果泥加入濃縮檸檬汁〔a〕，用IH調理器融化。

4　把水飴和鮮奶油放進鍋裡加熱，粗略攪拌，和冰冷狀態的步驟3混合在一起〔b〕，加熱至60℃。
　＊加入水飴，乳脂肪和酸就不容易分離。

5　把步驟4分2次倒進步驟2的融化巧克力裡面，用打蛋器從中心部分開始攪拌乳化，慢慢擴大攪拌範圍，使整體逐漸乳化〔c〕。呈現光澤，乳化完成後，加入琴酒拌勻〔d〕。拌勻之後，加入萊姆皮碎屑拌勻〔e〕。

6　一邊攪拌步驟5，一邊將溫度調整至25℃，用口徑1cm的圓形花嘴，擠進步驟1裡面〔f〕，和步驟1相同，利用調溫好的模型用白巧克力進行封底（→P.371的步驟7～11）。凝固後，脫模。

占度亞
Gianduya

份量　長3.3×寬2.2cm、
高度1.8cm淚滴形 72個
＊準備27.5×13.5cm、
　高度2.4cm的24連巧克力模3個。

內餡
[牛奶巧克力
　　（可可41%，融化）──85g
　占度亞（添加榛果）──165g
　堅果糖（粗粒）──165g
　堅果糖（細粒）──85g
[脆皮杏仁（→P.30）──65g

模型用
牛奶巧克力（可可41%）──1kg

Gianduya
(chocolate and roasted nut paste)

Makes seventy two 3.3-cm length×2.2-cm width,
1.8-cm height teardrop-shaped
*three 27.5-cm×13.5-cm,
2.4-cm height chocolate mold -24 wells

For the filling
[85g milk chocolate, 41% cacao, melted
  165g Gianduya with hazelnuts
  165g coarse praline paste
  85g fine praline paste
[65g praline bits, see page 30

For the mold
1kg milk chocolate, 41% cacao

1　模型用的牛奶巧克力調溫後，調整成29℃的作業溫度，塑形，
　製作外殼（→P.371的步驟1～6）。

2　製作內餡。把占度亞、粗粒堅果糖、細粒堅果糖倒進融化調溫至
　35℃的牛奶巧克力裡面，用橡膠刮刀拌勻〔a〕。加入脆皮杏仁
　拌勻〔b〕。

3　把步驟2的溫度調整至25℃左右〔c〕，用口徑1cm的圓形花嘴
　擠進步驟1裡面，和步驟1相同，利用調溫好的模型用牛奶巧克
　力進行封底（→P.371的步驟7～11）。凝固後，脫模。

黑醋栗
Cassis

份量　3.2×2.5cm、高度2cm菱形 72個
＊準備27.5×13.5cm、
　高度2.4cm的24連巧克力模3個。

甘納許（內餡）
黑巧克力（可可56%，融化）——215g
牛奶巧克力（可可41%，融化）——70g
　黑醋栗果泥
　（冷凍狀態下切成1cm丁塊）——140g
　水飴——55g
鮮奶油（乳脂肪35%）——45g
奶油（切成5mm丁塊，恢復至常溫）
　——30g
黑醋栗香甜酒——40g

模型用
黑巧克力（可可56%）——1kg

blackcurrant

Makes seventy two 3.2-cm length×2.5-cm width,
2-cm height lozenge-shaped
*three 27.5-cm×13.5-cm,
2.4-cm height chocolate mold -24 wells

For the filling
215g dark chocolate, 56% cacao, melted
70g milk chocolate, 41% cacao, melted
　140g frozen blackcurrant purée,
　cut into 1-cm cubes
　55g starch syrup
45g fresh heavy cream, 35% butterfat
30g unsalted butter, cut into 5-mm cubes,
at room temperature
40g crème de cassis (blackcurrant liqueur)

For the mold
1kg dark chocolate, 56% cacao

 a
 b
 c
 d

1 模型用的黑巧克力調溫後，調整成31℃的作業溫度，塑形，製作外殼（→P.371的步驟1～6）。

2 製作內餡。黑巧克力和牛奶巧克力分別融化調溫至35℃，混合備用。

3 黑醋栗果泥和水飴混合，放進鍋裡，用IH調理器融化至冰冷狀態。
　＊處理酸性較強的果泥時，水飴或轉化糖和果泥混合後再融化，比較容易和鮮奶油乳化。

4 把鮮奶油倒進步驟3裡面，加熱至60℃。

5 把步驟4分2次倒入步驟2的融化巧克力裡面，用打蛋器從中心部分開始攪拌乳化〔a〕，慢慢擴大攪拌範圍，使整體逐漸乳化。呈現光澤後，加入奶油，融化攪拌〔b〕。加入黑醋栗香甜酒拌勻〔c〕。

6 一邊攪拌，一邊將溫度調整至28℃左右，用口徑1cm的圓形花嘴，擠進步驟1裡面〔d〕，和步驟1相同，利用調溫好的模型用黑巧克力進行封底（→P.371的步驟7～11）。凝固後，脫模。

表現自我

從法國回國之後，光是為了重現所學習到的甜點，就費了好大的功夫。就跟現在一樣，市面上可以找到的材料未必與法國完全相同，光是為了克服素材之間的差異，就讓我每天煩惱不已、絞盡腦汁。

某天，我試著扭轉「因為材料不同就沒辦法製作法國甜點」的觀念。品嚐這些甜點的是日本人。就算製作出原汁原味的法國甜點，要讓客人理解仍然需要一段時間，於是我便決定找尋日本可以取得的高級素材，製作別人無法模仿，同時又能讓自己接受的甜點。結果，我的視野瞬間無限擴大，專屬於自己的甜點也因此誕生了。

不是改變，而是專注於美味的追求。那就是「HIDEMI SUGINO」的風格。大家常說抄襲無法超越原創，那是因為創作者沒有把美味的想法傳達出去。只要了解本質，應該就能透過所學，展現出全新的自我表現。

年輕的時候，多看、多吃、多學，是非常重要的事情。但是，一旦有了某種程度的技術和知識之後，反而就會對周遭視而不見。在資訊膨脹的時代，維持個人風格是一件非常困難的事情。其實，即便打算視而不見，某人製作的蛋糕或是商品資訊，或許仍可能出現在腦海中的某處。單純的抄襲是不用費心思考且相當輕鬆的事情。可是，單純的抄襲裡面沒有原創。

不管是哪個行業都一樣，只有少數能夠在業界中真正的展現自我。我也一樣，總是用自己的想法，把學習到的技術和知識表現在味道和外觀上，但是，那些甜點並不是單靠自己的想法，從零開始打造而成的。即便如此，我還是希望自己製作出的甜點，能夠以「杉野的甜點」被認可。

創作全新甜點的時候，以前，我會以旅行時所吃到的食物或風景為形象，來進行甜點的創作，不過，最近則是以人物為形象，有時是製作果粒果醬，有時則是製作結婚典禮用的蛋糕。另外，從2015年開始，因為演奏家Richard & Mika Stoltzman夫婦主辦了以音樂與甜點為主題的演奏會，於是我便開始製作以樂曲為形象的甜點。剛開始，不管再怎麼聆聽音樂，腦中還是不會浮現半點甜點的形象，不過，我仍然從起床開始就不斷地聽CD。聽過100次之後，情景便開始自然地漸漸浮現，就能夠做出甜點的創意變化了。甜點和音樂之間的邂逅，又再次讓我成長了許多。

即使剛開始認為不可能，但只要持續不斷地思考，還是能夠找到自己未知的可能性。長年的技術累積會化成原動力，外來的不同刺激能夠為自己帶來全新的創作，這便是我實際感受到的。

作者

杉野英實

日本三重縣人。1979～1982年期間旅居歐洲。在法國、亞爾薩斯、瑞士的餐廳擔任甜點主廚。曾於「內琴米羅（Jean Millet）」、「莫杜依（Pierre Mauduit）」、「佩提耶（Lucien Peltier）」（皆已結束營業）等巴黎名店學習當時最新的甜點製作技術。回國後，在名古屋、東京的甜點店擔任甜點主廚後，於1992年在神戶北野開設「Pâtissier HIDEMI SUGINO」。2002年12月搬遷至東京京橋，店名也全新更改為

「HIDEMI SUGINO」。重視季節感的精緻甜點大受好評，同時不斷追求甜點製作的精進。1991年代表日本隊參加「世界盃點心大賽」，獲得大獎。2015年榮獲「亞洲50最佳餐廳（Asia's 50 Best Restaurants）」，同時獲頒亞洲最佳甜點主廚獎。著有《杉野英実の菓子　素材より素材らしく》、《杉野英実のデザートブック》、《杉野英実のスイーツ　シンプルでも素材らしく》（以上皆由柴田書店出版）等書。

TITLE

杉野英實 進化的甜點

STAFF

出版	瑞昇文化事業股份有限公司
作者	杉野英實
譯者	羅淑慧
總編輯	郭湘齡
文字編輯	徐承義　蕭妤秦
美術編輯	謝彥如　許菩真
排版	二次方數位設計
製版	明宏彩色照相製版有限公司
印刷	龍岡數位文化股份有限公司
法律顧問	立勤國際法律事務所　黃沛聲律師
戶名	瑞昇文化事業股份有限公司
劃撥帳號	19598343
地址	新北市中和區景平路464巷2弄1-4號
電話	(02)2945-3191
傳真	(02)2945-3190
網址	www.rising-books.com.tw
Mail	deepblue@rising-books.com.tw
本版日期	2020年6月
定價	2200元

國家圖書館出版品預行編目資料

杉野英實 進化的甜點 / 杉野英實作；羅
淑慧譯. -- 初版. -- 新北市：瑞昇文化,
2020.01
376面 ; 21 X 27.2公分
ISBN 978-986-401-389-0(精裝)

1.點心食譜

427.16　　　　　　　　　　108020706

ORIGINAL JAPANESE EDITION STAFF

調理アシスタント　　酒井萌華　中村佳織　髙谷彩音　須藤和久